四元数变换及其在彩色图像水印和加密中的应用

刘西林　　邵珠宏　　舒华忠　　著

中国矿业大学出版社
·徐州·

内 容 提 要

图像水印和图像加密是目前保护图像安全的一类有效手段。一般来讲,图像水印技术通过在图像中隐藏信息来达到保护图像的目的,图像加密通过将图像变化成不可识别的密文图像来保护图像。

本书兼具理论及应用。理论方面,介绍四元数变换理论及由传统复数域变换到四元数变换的推广和发展,着重介绍四元数 Fourier 变换、四元数分数 Krawtchouk 变换、四元数 Gyrator 变换等几类变换的构造。应用方面,结合作者多年来在该方向的研究经历,介绍四元数变换在彩色图像水印和彩色图像加密中的应用。

本书适用于高等院校教师和科研院所技术人员在理论研究与工程技术中使用,也可供具有一定数学和计算机基础的研究生自修。

图书在版编目(C I P)数据

四元数变换及其在彩色图像水印和加密中的应用 /
刘西林,邵珠宏,舒华忠著.— 徐州 : 中国矿业大学出
版社,2023.7
　　ISBN 978 - 7 - 5646 - 5892 - 2

Ⅰ. ①四… Ⅱ. ①刘… ②邵… ③舒… Ⅲ. ①图像处
理-加密技术-研究 Ⅳ. ①TP391.413

中国国家版本馆 CIP 数据核字(2023)第 131413 号

书　　名	四元数变换及其在彩色图像水印和加密中的应用
	Siyuanshu Bianhuan jiqi Zai Caise Tuxiang Shuiyin he Jiami Zhong de Yingyong
著　　者	刘西林　邵珠宏　舒华忠
责任编辑	张　岩
出版发行	中国矿业大学出版社有限责任公司
	(江苏省徐州市解放南路　邮编221008)
营销热线	(0516)83885370　83884103
出版服务	(0516)83995789　83884920
网　　址	http://www.cumtp.com　E-mail:cumtpvip@cumtp.com
印　　刷	苏州市古得堡数码印刷有限公司
开　　本	787 mm×1092 mm　1/16　印张 16.5　字数 323 千字
版次印次	2023 年 7 月第 1 版　2023 年 7 月第 1 次印刷
定　　价	58.00 元

(图书出现印装质量问题,本社负责调换)

前　言

　　近年来,随着多媒体技术和网络通信技术的发展,各种数字媒体作品(如图像、视频、声音等)的使用和传播日益增长。数字媒体可以通过网络途径向外发布或者下载,这给人们的生活和工作带来了极大的便利。然而,由于网络的公开性,数字媒体在传输时很容易受到恶意篡改或者伪造,这给原创者的自身利益带来巨大的损失。所以数字媒体的保护问题越来越受人们的关注,数字媒体认证问题也日益突出。数字水印和加密是两种保护数字媒体的有效手段,已成为多媒体信息安全领域的研究热点。数字水印技术将多媒体作品的版权信息或者来源信息作为水印隐藏于数字载体中。尽管数字载体受到一定的水印攻击,人们还是可以从受保护的载体中提取出水印信息来进行数字媒体作品的版权归属认证等。加密是将多媒体作品转换成人们不可识别的密文,即使攻击者获取密文,也无法使用,只有拥有正确密钥的接收者才可以从密文中获取和使用原始多媒体作品。

　　传统的彩色图像处理方法,无论是将彩色图像进行灰度化预处理,还是将彩色图像分解成单通道图像后分别处理或者表示成矢量的形式,都未能充分利用颜色通道之间的关联性。采用四元数的表示方法,可以将彩色图像的多个通道分量编码成一个整体,不仅能够实现多通道的同步处理,而且考虑了颜色通道之间的光谱联系。本书采用彩色图像的四元数矩阵表示方法,对彩色图像的若干整体变换理论及相关应用进行了一系列研究。

　　本书主要针对彩色的数字图像,研究其四元数变换域的彩色图像水印算法和加密算法。首先从应用背景出发,介绍了变换域彩色图像水印和加密的基础知识及主要的研究方法;然后从传统的复数变换进行展开,结合三元数理论、四元数理论,介绍了三元数变换,并进一步展开到四元数变换。最后,主要介绍了四元数分数阶 Krawtchouk 变换、四元数 Fourier 变换、四元数 Gyrator 变换这几类四元数变换域,及其在彩色图像水印和加密中的应用。

全书内容分为 3 部分,共 11 章。第一部分是图像水印、图像加密及彩色图像处理的基础知识,由第 1～第 3 章组成。

第 1 章介绍了图像水印和图像加密的基本概念及正交变换的一些基础理论,概括了近年来变换域彩色图像加密和水印研究的一些方法。

第 2 章介绍了几种图像水印中常用的信息嵌入方法,及图像水印和图像加密方法的评价指标。

第 3 章介绍了彩色图像的表示,介绍了三元数、四元数理论的基础知识,为后面采用三元数、四元数表示彩色图像,构造三元数变换、四元数变换做铺垫。

本书第二部分是几类三元数变换、四元数变换的理论,由第 4～第 6 章组成。

第 4 章介绍了几类传统的复数变换,包括离散分数阶 Fourier 变换、Krawtchouk 变换,分数阶 Bessel-Fourier 变换,重点介绍了离散分数阶 Krawtchouk 变换、分数阶 Bessel-Fourier 变换构造方面的内容,为后面三元数变换、四元数变换的构造做铺垫。

第 5 章介绍了三元数变换,重点介绍了三元数离散 Fourier 变换、三元数离散余弦变换的构造过程,以及两种变换在彩色图像水印和加密中的应用。

第 6 章介绍了四元数离散 Fourier 变换、四元数离散分数阶 Krawtchouk 变换、四元数 Gyrator 变换,重点介绍了四元数离散分数阶 Krawtchouk 变换、四元数 Gyrator 变换的推导及一些性质。

　　本书第三部分介绍了几类四元数变换的彩色图像水印和彩色图像加密方法,由第 7～第 11 章组成。

　　第 7 章介绍了一种基于四元数离散分数阶 Krawtchouk 变换的彩色图像水印算法。

　　第 8 章介绍了一种基于四元数离散 Fourier 变换的彩色图像零水印算法。

　　第 9 章介绍了一种基于四元数离散分数阶 Krawtchouk 变换的彩色图像加密算法。

　　第 10 章介绍了基于四元数 Gyrator 变换的彩色图像加密算法,重点介绍了彩色图像四元数 Gyrator 变换域的双随机相位加密方法、相位迭代恢复的彩色图像加密方法。

　　第 11 章介绍了分别融合双随机相位加密、可视密码两种加密方法的彩色图像水印算法。

　　本书由刘西林、邵珠宏、舒华忠所著。其中,第 1 章、第 2 章由舒华忠完成(约 2 万字),第 3 章、第 9 章～第 11 章由邵珠宏完成(约 11 万字),第 4 章～第 8 章及附录证明等由刘西林完成(约 19 万字)。

　　本书的出版得到了山西省基础研究计划项目(批准号:202103021224057)的支持。由于作者水平有限,书中不当之处恳请读者不吝赐教。

著　者

2023 年 7 月

目　　录

第 1 章　绪　　论

1.1　信息隐藏

计算机和网络技术的发展促进了人与人之间、组织与组织之间沟通。网络作为一种通信信道,在传输信息时,很可能发生信息泄露、信息被第三方监听的情况。在机密信息传输时,这种信息泄露问题产生的后果是极为严重的。那么,就需要在传输信息时,进行信息隐藏。根据应用的不同,常见的信息隐藏方法有数字隐写、数字水印、数字指纹、加密。

数字隐写是通过修改传输信息的载体,把秘密信息嵌入载体中。数字水印通常是将版权信息作为水印嵌入载体中用来鉴定载体的所有者。数字水印要求嵌入的信息是鲁棒的,即载体在传输时受到一些信号干扰(比如噪声、滤波、压缩等)仍然能够从载体中提取信息;而数字隐写通常要求嵌入的信息容量大,没有鲁棒性的要求。数字指纹通常将提取传输信息的特征(签名)作为消息摘要,与消息一同发送给接收方,接收方可以对比消息摘要和接收到的信息,来判断接收到的信息是否有被篡改或者伪造的情况。可以看到,数字隐写、数字签名、数字水印三种方法传输的信息通常是明文,区别于以上三种方法,加密方法是将明文的信息加密成密文来传输,从而保证信息的机密性[1]。

图像作为一种多媒体信息,它在传播时,很容易受到版权侵害。据统计,人类接受的外界信息大约有 75% 来源于图像。与文本信息、音频等相比,图像的传播在我们的生活中起了更大的作用。随着计算机网络和多媒体的发展,图像的传播已经扩展到了军事、医疗、航天等领域。然而,在我们从各种图像获取信息时,一些图像侵权、图像伪造、图像滥用的不良行为也逐渐发生,如近年来报道的"华南虎照片"事件、CNN 歪曲报道的西藏暴乱事件、"刘羚羊"事件、"张飞鸽"

事件[2],这些不良行为严重影响了媒体的公信力,对社会安定、国家形象产生了不良影响。

图像加密和图像水印是两种重要的图像保护的手段。图像加密旨在将明文图像转换成不可识别的密文图像来传输,当接收者获取图像时,可以解密密文图像来获取明文图像。图像水印旨在通过将重要信息隐藏在明文图像中,传输时还是明文图像传输,当接收者获取图像时,可以从明文图像中获取隐蔽的信息。

1.2　图像水印简介

图像水印通过在图像中嵌入隐蔽的信息(如版权信息、作者信息、许可证等)来保护图像的内容。这些嵌入的信息称为水印。根据水印的不同,可以达到不同的应用目的来实现图像的安全。比如,可以将图像分发对象的信息嵌入图像,不同的分发对象获得嵌入不同水印的图像,当图像发生泄露时,可以通过从受保护的图像中提取水印来确定泄露图像的来源;另外,也可以将图像所有者的版权信息嵌入图像,当所有者的版权受到侵害时,可以根据从受保护的图像中提取的水印来认证图像的所有权[3]。

根据不同的研究角度,数字图像水印技术可以有多种不同的分类[4]。

(1)可见水印与不可见水印

从载体图像中的水印对人眼是否可见的角度,可以将数字图像水印算法分为可见水印算法[5-7]和不可见水印算法[8-9]。如图 1-1 给出了可见水印和不可见水印的实例。图 1-1(a)显示了原始的 Lena 图像,图 1-1(b)显示了二值图像水印[10],图 1-1(c)显示了以可见水印的方式直接叠加水印后的 Lena 图像,图 1-1(d)显示了以不可见的方式加入水印后的 Lena 图像。

在可见水印算法中,由于水印是可见的,一方面攻击者很容易通过图像裁剪等方式将水印去除,另一方面可见的水印对图像本身的信息形成了干扰,导致图像的视觉质量下降。然而,在不可见水印中,人们很难用肉眼区分加水印的图像和原始图像。所以,图像的视觉质量得到了保障。并且由于攻击者很难确定水印在图像中的位置,所以,不可见水印的去除也具有一定的难度。

(2)有意义水印和无意义水印

根据水印的内容,可以将数字图像水印算法分为有意义水印和无意义水印。

(a)　原始图像　　　　　　　　　　　(b)　水印图像

(c)　左上角加可见水印的图像　　　　(d)　加不可见水印的图像

图 1-1　可见水印与不可见水印比较

有意义水印指水印本身也是一种可以识别的内容(如文本、图像商标等);无意义水印则只对应一个随机序列,在检测时只能通过统计决策来确定待检测图像中是否含有水印。相比而言,有意义水印的优势在于,在水印遭到一定的破损后,人们还是可以通过肉眼观察确定待测图像中是否有水印。

(3)空间域水印算法与变换域水印算法

根据水印在载体图像的嵌入位置,数字水印算法可以分为空间域水印算法和变换域水印算法。空间域水印算法直接对图像的灰度值进行修改来嵌入水印。这类算法简单,容易实现,但是鲁棒性较差,所以很多学者研究了变换域的水印算法,比如 DFT 域、DCT 域、DWT 域等。

(4)鲁棒性水印算法和脆弱性水印算法

根据水印的鲁棒性,数字水印可以分为鲁棒性水印和脆弱性水印[11]。鲁棒性水印要求在对受保护的图像进行一定的水印攻击操作(如噪声、滤波等)后,还能够从图像中提取出水印。所以鲁棒性水印通常应用于图像的版权认证。然而脆弱性水印隐藏于受保护的图像,在图像遭到篡改后,提取的水印会遭到破坏,以此来验证图像遭到了未经过授权的修改,并进一步确认篡改位置。该算法可以应用于图像的真实性、完整性认证[12-15]。

（5）对称水印和非对称水印

根据水印嵌入和提取过程中的参数（如嵌入位置、密钥等），可以将数字水印分为对称水印和非对称水印。如果在水印嵌入和提取过程中的参数相同，则该水印算法称为对称水印；反之，则该水印算法称为非对称水印[16-19]。

（6）私有水印和公有水印

根据检测水印的对象，可以将数字水印分为私有水印和公有水印[20-22]。如果只有授权的用户可以检测水印，则该水印算法称为私有水印；如果任何人都可以从受保护的图像中检测到水印，则该水印算法称为公有水印。

（7）盲水印和非盲水印

根据水印检测的条件，可以将数字水印分为盲水印和非盲水印[23]。盲水印在水印检测和提取过程中，不需要原始图像数据作为输入；然而，非盲水印在水印检测时需要原始图像数据。所以，在实际应用中，盲水印算法更加节省存储空间，更加方便。因此多数研究也侧重于盲水印算法的开发。

（8）可逆水印与不可逆水印

根据水印检测过程中能否从受保护的图像恢复原始图像，可以将数字水印分为可逆水印和不可逆水印[24-27]。由于可逆水印在检测时能够得到原始图像，通常被应用于医学图像、军事图像的图像认证中[28-29]。然而，目前大多数的水印算法是不可逆的，这是因为这些算法在水印的嵌入过程中，对图像进行了永久性改变。

1.3 图像加密简介

图像加密是一种保护图像内容的方法。它可以将图像转化成一幅人眼不可识别的、无意义的、类似随机噪声的图像，其目的是隐藏图像的内容。只有授权者可以通过解密密钥来获取真实的图像内容。在密钥安全的情况下，图像加密可以保证图像在传输中的机密性、真实性和完整性。图像加密方法包含加密和解密两个阶段。对于一种加密算法而言，必将有相应的解密算法，否则，用户接收到的数据将毫无使用价值，图 1-2 给出了加密与解密系统示意图。在用户已知密钥的情况下，对获得的加密数据进行相应的解密即可恢复出原图像；而在未知密钥的情况下，使用随机猜测的密钥将无法得到任何有价值的信息。在当前全球网络化迅速发展和信息化程度不断加深的背景下，图像加密技术成为信息安全领域的核心技术之一。

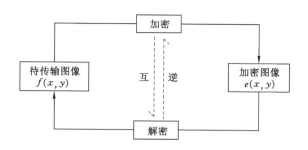

图 1-2　图像加密与解密示意图

1.4　正交变换与正交多项式

正交变换在信号处理中有重要的作用。通常,时间序列数据、语音等可以看作一维信号,图像可以看作二维信号。在信号的变换域描述信号,通常可以在低维空间实现特征的提取。正交变换在计算机视觉、模式识别和图像处理中有广泛的应用。本节介绍两类应用广泛的正交变换:Fourier(傅里叶)变换和矩变换。

1.4.1　Fourier 变换

Fourier 变换由法国数学家、物理学家 Joseph Fourier 提出,被广泛应用于信号处理,如密码学、通信等领域。Fourier 变换可以看作一类典型的正交变换,它将信号从空间域表示为频率域。当获取一幅图像时,我们直观看到的内容是它的空间域。为了描述图像更高级的特征,Fourier 变换可以将图像从空间域变换到频率域,其低频部分可以描述信号的结构信息,高频部分可以描述信号的细节信息。

对于一幅大小为 $M \times N$ 的二维图像 $f(x,y)$,它的离散 Fourier 变换定义如下

$$F(u,v) = \sum_{x=0}^{M-1} \sum_{y=0}^{N-1} f(x,y) \exp(-\mathrm{i}2\pi(ux/M + vy/N)) \qquad (1\text{-}1)$$

其中 u,v 为频率变量;$F(u,v)$ 表示 Fourier 变换的频率域系数。其相应的逆变换为

$$F(x,y) = \frac{1}{MN} \sum_{x=0}^{M-1} \sum_{y=0}^{N-1} f(u,v) \exp(i2\pi(ux/M + vy/N)) \qquad (1-2)$$

1.4.2 矩变换

一般而言,矩变换用来构造图像的几何不变特征。比如,在图像识别中,遇到一幅图像成像时因为投影变换引起扭曲,为了识别扭曲的图像和真实的原图像,需要找到一组不变的图像特征,矩变换及其不变量是一类有效描述图像几何形变(如平移、旋转、缩放和更一般的仿射变换)的不变特征。早期的矩变换是由非正交多项式来构造的,此类矩形式简单,不变特征易于构造。但非正交矩在计算中存在冗余,而且在图像重建时,难以从图像的变换域完全重建图像。为了克服传统非正交矩的这些缺点,有学者提出了基于正交多项式来构造正交矩,从而提升矩变换及其不变量在图像描述中的性能[30-32]。

对于二维图像而言,其正交矩变换可以在直角坐标系(笛卡尔坐标系)和极坐标系中来构造。假设 $f(x,y)$ 为二维图像,$\varphi_p(x)$ 为 p 阶正交多项式,则 $(p+q)$ 阶正交矩表示为[33-37]

$$T_{pq} = \iint_{R^2} \varphi_p(x) \varphi_q(y) f(x,y) \mathrm{d}x\,\mathrm{d}y \qquad (1-3)$$

其中,$p,q = 1, 2, \cdots$,如果图像为极坐标表示 $f(r,\theta)$,则径向矩一般可以表示为

$$T_{pq} = \int_0^{2\pi} \int_0^1 \varphi_p(r) \mathrm{e}^{\mathrm{j}q\theta} f(r,\theta) r\,\mathrm{d}r\,\mathrm{d}\theta \qquad (1-4)$$

此时,离散的数字图像被映射到单位圆内。

1.4.3 正交多项式

正交多项式有多种,比如连续正交多项式(如 Legendre 多项式、Zernike 多项式等)、离散正交多项式(如 Tchebichef 多项式、Krawtchouk 多项式等),可以构造连续正交矩变换、离散正交矩变换[38-42]。由于不同的正交多项式具有不同的特点,因此其构造的不变特征也具有不同的图像描述能力。假设 $\varphi_p(x)$ 为正交多项式,根据其正交性,一般满足以下条件

$$\int \varphi_p(x) \varphi_q(x) \mathrm{d}x = \delta_{pq} \qquad (1-5)$$

这里,δ_{pq} 为狄拉克 δ 函数:

$$\delta_{pq} = \begin{cases} 0, & p \neq q \\ 1, & p = q \end{cases} \qquad (1-6)$$

根据不同的正交多项式,常见的矩变换见表 1-1。

表 1-1 由常见正交多项式构造的矩变换

正交矩变换	直角坐标系下的矩变换	极坐标下的矩变换
连续正交矩	Legendre 矩	Zernike 矩、伪 Zernike 矩、Fourier-Mellin 矩、复指数矩
离散正交矩	Tchebichef 矩、Krawtchouk 矩、Racah 矩、Dual-Hahn 矩	径向 Racah 矩、径向 Tchebichef 矩、径向 Krawtchouk 矩

1.5 变换域彩色图像水印方法简介

随着多媒体技术的发展和彩色成像设备的不断改进,彩色图像的应用也越来越广泛。不断提高的计算机性能为彩色图像的处理提供了保障。所以彩色图像的水印算法越来越受到学者们的广泛重视。色彩空间在计算机中有多种表示方法,如 RGB 模型、YCbCr 模型、CMYK 模型、HSI 模型等。以 RGB 模型为例,每个彩色图像的像素可以表示为一维数组,由红(R)、绿(G)、蓝(B)三个分量的值共同决定,所以,也称彩色数字图像有红绿蓝三个通道,每个通道可以表示为一个二维矩阵。以 YCbCr 模型为例,Y 表示颜色的亮度(Luma)成分,Cb 表示蓝色的浓度偏移量成分,Cr 表示红色的浓度偏移量成分,每个彩色图像的像素由 Y,Cb,Cr 三个成分共同决定。

对于彩色图像的水印算法,可以采用灰度图像的水印算法,将水印嵌入图像的一个通道[43-46],或者分别嵌入彩色图像的三个通道[47-53]。Lari 等[43]考虑到人眼对蓝色光不敏感的特性,将水印嵌入图像蓝色通道。Wang 等[44]将彩色图像从 RGB 色彩空间转换为 YCbCr 色彩空间,然后在 Y 通道进行处理。对 Y 通道的特征点进行检测,在选取的特征点局部区域进行图像标准化后嵌入水印,从而实现对图像几何攻击的鲁棒性。Su 等[47]对彩色图像每个通道分别进行处理,对每个通道进行分块,将水印嵌入每个通道分块图像的 QR 分解系数域。为了利用图像对比度敏感函数(Contrast Sensivity Function)和水印视觉掩模(Watermark Visual Mask)来自适应调整水印的嵌入强度,Huynh-The 等[48]对彩色图像 RGB 三个通道的小波变换系数分别嵌入水印,为了增强水印的鲁棒性和不可见性，文中对小波系数进行分块，然后对每块选取一个最优的通道嵌入水印。Cedillo-Hernández 等[49]设计了一种混合水印的方法，在图像 YCbCr 色彩空间 Y 通道的 DFT 变换域系数嵌入水印后，为了保证图像对几何攻击的鲁棒，同样的水印通过直方图修改的方式嵌入图像 CbCr 通道。

对彩色图像单通道嵌入水印或者每个通道分别嵌入水印没有考虑到图像色彩之间的相关性，所以很多学者研究了结合超复数的彩色图像表示[54]，研究了超复数变换域的彩色图像水印算法。四元数作为超复数的一类，具有四个分量，足够用来表示彩色图像的三个通道，所以四元数变换域的水印算法有大量的研究。利用四元数 Fourier 变换，Sun 等[55]采用加性的方式将水印嵌入四元数 Fourier 变换的幅值。该水印算法是非盲的，在提取时需要原始彩色图像。为了实现盲检测，孙菁等[56]在图像四元数 Fourier 变换后又进行四元时奇异值分解，最后将水印嵌入奇异值中。上面两个四元数 Fourier 变换的水印算法对图像的几何攻击均不鲁棒。

对于实现四元数变换域对几何攻击鲁棒性的水印算法，大体上有如下三类：

（1）估计几何变换参数，然后对受攻击的图像进行矫正。为了实现四元数 Fourier 变换域水印算法抗旋转攻击的目的，Ouyang 等[57-58]对图像 QDFT 变换域进行均匀对数极坐标映射（Uniform Log-Polar Mapping）或改进的均匀对数极坐标映射（Improved Uniform Log-Polar Mapping）后，嵌入了一个同步序列来估计图像的旋转角度，从而矫正旋转攻击后的图像后再提取水印；Niu 等[59]采用分块的方式对图像每个子像素块的四元数离散余弦变换系数的实部进行扰动调制来嵌入水印。为了实现算法对几何攻击的鲁棒性，文中结合了支持向量机（Supporting Vector Machine，SVM）来对图像的几何攻击参数进行估计，然后用估计的几何攻击参数对图像进行矫正，从而提取水印信息。Yang 等[60]对图像进行四元数指数矩变换后，通过低阶矩估计几何变换参数，然后对图像进行几何矫正。

（2）结合特征点检测的方法构造图像的局部不变域来嵌入水印。Niu 等[61]采用特征点检测的方法，构建了图像仿射不便的局部区域，然后将水印嵌入这些局部区域从而实现了算法对图像几何变换的鲁棒性。

（3）直接利用四元数矩的不变量构造水印算法。王向阳等[62-63]构造了四元数指数矩不变量并通过 QIM 的方法扰动矩不变量的幅值来嵌入水印。由于四元数径向谐 Fourier 矩的数值稳定性，Niu 等[64]将水印嵌入四元数径向谐 Fourier 矩的幅值中。Wang 等[65]利用四元数指数矩的几何不变量构造了一组鲁棒的二值特征,然后利用该特征设计了一种抗几何攻击的彩色图像零水印算法。

为了增强水印的鲁棒性,也有算法研究四元数域水印算法中参数选取(如变换系数选取,嵌入强度的自适应选取)的问题。Kalra 等[66]将彩色图像转换为 YCbCr 空间并将水印嵌入 Y 通道的 DCT 变换域。文中通过对选取的 DCT 域每个系数的嵌入强度自适应的选取,提高了水印算法的鲁棒性。Gupta 等[67]采用 Artificial Bee Colony 群智能优化算法对图像每块自适应地调整嵌入强度来增强算法的鲁棒性。

1.6 变换域彩色图像加密方法简介

自从 1995 年 Refregier 和 Javidi 提出双随机相位加密的算法[68]以来,图像加密技术引起了国内外学者的关注。在过去的二十余年间,各式各样的图像加密算法[69-104]相继出现,主要包括光学加密算法和数字图像加密算法,这些算法大多采用双随机相位加密技术或者相位迭代恢复技术。而且,这些算法主要针对灰度图像进行加密处理,仅有少数的文献分析和讨论彩色图像的加密问题。

下面对现有文献中报道的有关彩色图像的加密算法进行归纳,主要包括基于索引格式的彩色图像加密算法、基于颜色通道分解的彩色图像加密算法和基于四元数表示的彩色图像加密算法。

(1)基于索引格式的彩色图像加密算法[74-77]

在索引格式下的彩色图像表示由两个部分构成:整数矩阵 X 和色彩映射矩阵 Map。其中,整数矩阵 X 类似一幅灰度图像。因此,索引格式下的彩色图像加密可以间接地转换成灰度图像的加密。基于这种思路,Zhang 和 Karim 提出基于双随机相位的单幅彩色图像加密算法[74]。在他们的算法中,首先将 RGB 彩色图像转换为索引格式下的表示,然后采用灰度图像的双随机相位加密技术对整数矩阵 X 进行加密传输,同时把色彩映射矩阵 Map 作为密钥,从而实现彩色图像的单通道加密传输。在分数阶 Fourier 变换域,Joshi 等对多彩色图像的加密算法进行研究。Joshi 等[75]介绍了基于双随机相位加密的双彩色图像加密算法,采用复数的表示形式将两幅彩色图像的整数矩阵表示成复数矩阵,然后分别在空域和变换域进行相位调制,同时把色彩映射矩阵 Map 作为密钥。随后,

Joshi 等[76]又提出分数阶 Fourier 变换域的四幅彩色图像的加密算法,通过两次复数组合的方式将四幅图像的整数矩阵表示为一幅复数图像,再结合双随机相位进行加密。同样是采用索引格式表示彩色图像,南昌大学的张文全和周南润提出基于离散分数随机变换的单通道双彩色图像加密算法[77]。上述这些加密算法,虽然能够实现彩色图像的单通道加密传输,并且从单幅彩色图像推广到两幅、四幅彩色图像,但是在此基础之上难以实现更多幅彩色图像的加密传输,目前也未见到有相关算法的报道。

(2) 基于颜色通道分解的彩色图像加密算法[78-99]

相对于采用索引格式表示的彩色图像加密算法,大多数算法选择颜色通道分解的方式对彩色图像进行加密处理。由于彩色图像本身可以视为多通道灰度图像的叠加,在加密过程和相应的解密过程中可以对每个通道分量进行单独处理,然后再将结果合并在一起。比如,基于分数阶 Fourier 变换和双随机相位加密技术,Joshi 等[78]提出彩色图像单通道的加密算法。在他们的算法中,对红、绿和蓝三个颜色通道分量分别进行加密处理,整个加密过程相位掩模的数量为6 个。更多文献也介绍了基于分数阶 Fourier 变换和双随机相位的彩色图像加密[79-82]。另外,Liu 等[83]提出使用 Arnold 置乱和离散余弦变换(Discrete Cosine Transform,DCT)进行彩色图像加密算法。从加密系统的安全角度出发,Aburtuab[86]和 Lee[87]等分别提出两级加密机制的彩色图像加密算法。在 Aburtuab 的算法中,待加密传输的彩色图像首先被分解成红、绿和蓝三幅单通道图像,并分别在空域进行两次相位调制,然后进行一次 Gyrator 变换,接下来在 Gyrator 变换域继续进行两次相位调制,最后经过一次 Gyrator 变换得到加密图像,整个加密过程中相位掩模的数量高达 12 个,极大地增加了系统的安全性。在 Lee 等的算法中,首先采用双随机相位和 Fourier 变换对图像进行一次加密,然后对复数数据使用 2×2 的哈达玛变换再进行一次编码。与此同时,对于分解后的彩色图像还可以采用另外一种表示形式,即将这些单通道图像拼接成一幅灰度图像。比如,对于 $N\times M$ 的 RGB 彩色图像,首先对其进行分解并拼接成 $3M\times N$ 的灰度图像,然后采用相位恢复的过程进行加密。最近,Zhang 等[88]提出联合压缩感知技术和 Arnold 置乱的图像加密传输方案,同时具备加密和压缩的功能。

虽然,上面这些基于颜色通道分解的加密算法可以实现彩色图像的加密传输,但是存在以下三个方面的不足:① 实际上,彩色图像的颜色通道之间存在着强烈的光谱联系,将彩色图像分解成单通道分别处理忽略了它们之间的内在联系;② 如果采用灰度图像的加密方法,那么对于某些算法比如双随机相位加密技术,在加密过程中势必会增加相位掩模的数量,增大密钥的存储空间,这样不方便密钥的存储和分发;③ 上述这些算法难以进一步推广到多幅彩色图像加密传输。

（3）基于四元数表示的彩色图像加密算法

近几年,国内的一些学者提出基于四元数理论的彩色图像加密算法。南开大学的盖琪博士提出基于四元数离散 Fourier 变换和双随机相位的彩色图像加密算法[89-90],其算法的思路为:将彩色图像表示为一个纯四元数矩阵,在空域和四元数 Fourier 域各进行一次相位调制,然后再进行一次四元数 Fourier 逆变换得到加密图像。与索引格式表示彩色图像的加密算法相比,基于四元数的加密算法可以避免图像在变换过程中色彩信息的损失;与颜色通道分解的单通道加密算法相比,基于四元数的加密算法不仅考虑到彩色图像的整体性,同时也可以降低密钥的数量,便于密钥的存储和分发。总的来说,基于四元数表示的彩色图像加密算法为设计彩色图像的整体加密方案提供了一种新的思路,相关理论及其应用目前尚处于起步阶段,这方面的工作还需要深入、全面的研究。

1.7　本章小结

本章首先介绍了信息隐藏的概念,并对比了几类信息隐藏的常见方法,包括数字隐写、数字指纹、数字水印、加密。本书介绍的图像水印和图像加密可以认为是两类在图像中的信息隐藏的方法。然后,介绍了图像水印和图像加密的概念和分类。最后,归纳了近年来用于处理彩色图像的变换域图像水印和图像加密算法,使读者能够了解该领域的研究背景、研究现状和发展趋势,为后续章节的图像水印和图像加密算法做铺垫。

第 2 章　图像水印和图像加密基础

2.1　几类图像变换域系数量化嵌入水印方法介绍

由于传统的加性水印属于非盲的方法,即在水印提取时需要原始图像,然而一些实际应用中获取原始图像是很困难的,所以非盲水印在实际应用中受到诸多限制。量化调制方法是解决盲水印需求的一种有效途径,本节介绍几类图像水印中常用的量化公式。

对于采取量化方法的盲水印算法,通常选取明文水印(有意义的二值图像水印)。这类方法对原始图像通过整体正交变换或者分块正交变换以后,根据水印的比特信息(0 或者 1),对选取的变换域系数(或者系数的表达式)进行扰动。然后对扰动后的整体变换域系数或者分块变换域系数进行逆变换得到加水印的图像。在提取水印的时候,再对图像进行整体正交变换或者分块正交变换,然后根据选取的系数的值来确定水印比特信息。其中对系数的扰动一般采取量化公式来实现。下面描述几种量化公式。量化公式分为嵌入公式和提取公式,为了方便描述,我们将水印表示为向量 w,w_i 表示其第 i 个元素,值为 0 或者 1;将选取的变换系数表示为向量 c,c_i 表示其第 i 个元素。然后考虑对每个系数 c_i 嵌入一个比特的水印信息,扰动后的 c_i 记为 $\tilde{c}_i$。最后从嵌入水印的变换系数 $\tilde{c}_i$ 中提取水印比特,记提取的水印比特为 w_i',则几类量化公式如下:

(1) 文献[91]采用的嵌入公式为

$$\tilde{c}_i = \begin{cases} 2\delta \times \text{round}\left(\dfrac{c_i}{2\delta}\right) - \dfrac{\delta}{2}, w_i = 0 \\[3mm] 2\delta \times \text{round}\left(\dfrac{c}{2\delta}\right) + \dfrac{\delta}{2}, w_i = 1 \end{cases} \tag{2-1}$$

其中,δ 为嵌入步长,round 为近似取整函数。其相应的水印提取公式为

$$w_i' = \begin{cases} 1, \tilde{c}_i - 2\delta \times \mathrm{round}\left(\dfrac{\tilde{c}_i}{2\delta}\right) > 0 \\[4mm] 0, \tilde{c}_i - 2\delta \times \mathrm{round}\left(\dfrac{\tilde{c}_i}{2\delta}\right) \leqslant 0 \end{cases} \tag{2-2}$$

为了对以上量化公式进行直观的描述,图 2-1 给出了对量化前系数 c_1,c_2,c_3,c_4 进行量化的示例。

对于系数 c_1,其取值的范围为 $2k\delta-0.5\delta \leqslant c_1 < 2k\delta+0.5\delta$,因为 $\mathrm{round}(c_1/(2\delta))=k$,所以按照量化公式,如果水印比特为 0,则量化后为 $\tilde{c}_1=(2k-0.5)\delta$,如图 2-1 坐标轴位置 P_1 处;如果水印比特为 1,则量化后为 $\tilde{c}_1=(2k+0.5)\delta$,如图 2-1 坐标轴位置 P_2 处。

对于系数 c_2,其取值的范围为 $2k\delta+0.5\delta \leqslant c_2 < (2k+1)\delta$,因为 $\mathrm{round}(c_2/(2\delta))=k$,所以按照量化公式,如果水印比特为 0,则量化后为 $\tilde{c}_1=(2k-0.5)\delta$,如图 2-1 坐标轴位置 P_1 处;如果水印比特为 1,则量化后为 $\tilde{c}_1=(2k+0.5)\delta$,如图 2-1 坐标轴位置 P_2 处。

对于系数 c_3,其取值的范围为 $(2k+1)\delta \leqslant c_3 < (2k+1.5)\delta$,因为 $\mathrm{round}(c_3/(2\delta))=k+1$,所以按照量化公式,如果水印比特为 0,则量化后为 $\tilde{c}_3=(2k+2)\delta-0.5\delta=(2k+1.5)\delta$,如图 2-1 坐标轴位置 P_3 处;如果水印比特为 1,则量化后为 $\tilde{c}_1=(2k+2)\delta+0.5\delta=(2k+2.5)\delta$,如图 2-1 坐标轴位置 P_4 处。

对于系数 c_4,其取值的范围为 $(2k+1.5)\delta \leqslant c_3 < (2k+2)\delta$,因为 $\mathrm{round}(c_4/(2\delta))=k+1$,所以按照量化公式,如果水印比特为 0,则量化后为 $\tilde{c}_3=(2k+2)\delta-0.5\delta=(2k+1.5)\delta$,如图 2-1 坐标轴位置 P_3 处;如果水印比特为 1,则量化后为 $\tilde{c}_1=(2k+2)\delta+0.5\delta=(2k+2.5)\delta$,如图 2-1 坐标轴位置 P_4 处。

运用水印的提取公式,对于 P_1 位置处的值,由于 $2\delta \times \mathrm{round}((2k-0.5)\delta/(2\delta))=2k\delta$,所以 $(2k-0.5)\delta-2\delta \times \mathrm{round}((2k-0.5)\delta/(2\delta))<0$,于是可以提取出水印比特 0;对于 P_2 位置处的值,由于 $2\delta \times \mathrm{round}((2k+0.5)\delta/(2\delta))=2k\delta$,所以 $(2k+0.5)\delta-2\delta \times \mathrm{round}((2k-0.5)\delta/2\delta)>0$,于是可以提取出水印比特 1;类似地,可以从 P_3 位置处的值提取出水印比特 0,可以从 P_4 位置处的值提取出水印比特 1。

根据以上分析,可以知道,如果水印比特为 0,则以上量化公式将区间 $[2k\delta,(2k+1)\delta)$ 内的 c_i 值量化为 $(2k-0.5)\delta$;将区间 $[(2k+1)\delta,(2k+2)\delta)$ 内的 c_i 值量化为 $(2k+1.5)\delta$。如果水印比特为 1,则以上量化公式将区间

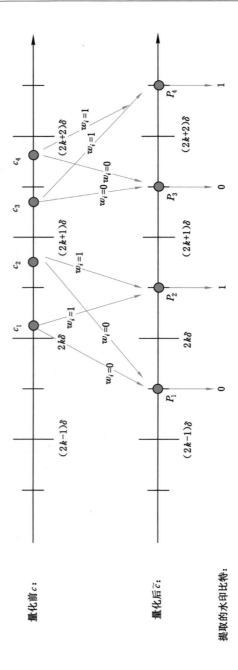

图 2-1 文献 [91] 中采用的量化公式示例

$[2k\delta,(2k+1)\delta)$ 内的 c_i 值量化为 $(2k+0.5)\delta$;将区间 $[(2k+1)\delta,(2k+2)\delta)$ 内的 c_i 值量化为 $(2k+2.5)\delta$。运用提取公式,$(2k-0.5)\delta,(2k+1.5)\delta$ 处的值可以提取出水印比特 $0,(2k-0.5)\delta,(2k+1.5)\delta$ 处的值可以提取出水印比特 1。实际中,由于水印图像受到攻击的影响,P_1,P_2,P_3,P_4 处的值会产生一定的扰动,如果扰动量范围为区间 $(-0.5\delta,0.5\delta)$,则还是可以正确提取水印,如果超过这个范围,则水印比特提取错误。

(2) 文献[92]采用的嵌入公式为

$$\tilde{c}_i = \begin{cases} \delta \times \mathrm{round}\left(\dfrac{c_i}{\delta}\right) + \dfrac{\delta}{2}, w_i \neq \mathrm{round}\left(\dfrac{c_i}{\delta}\right) (\mathrm{mod}\ 2) \\ \delta \times \mathrm{round}\left(\dfrac{c_i}{\delta}\right) - \dfrac{\delta}{2}, w_i = \mathrm{round}\left(\dfrac{c_i}{\delta}\right) (\mathrm{mod}\ 2) \end{cases} \tag{2-3}$$

其中,δ 为嵌入步长,round 为近似取整函数,mod 为模运算函数。其相应的水印提取公式为

$$w_i' = \mathrm{round}\left(\dfrac{\tilde{c}_i}{\delta}\right)\ (\mathrm{mod}\ 2) \tag{2-4}$$

为了对以上量化公式进行直观的描述,图 2-2 给出了对扰动前系数 c_1,c_2 进行量化的示例。

对于系数 c_1,其取值的范围为 $2k\delta \leqslant c_1 < 2k\delta + 0.5\delta$,因为 $\mathrm{round}(c_1/\delta) = 2k$,并且 $\mathrm{round}(c_1/\delta)(\mathrm{mod}\ 2) = 0$,所以按照量化公式,如果水印比特为 0,等于 $\mathrm{round}(c_1/\delta)(\mathrm{mod}\ 2)$,则量化后为 $\tilde{c}_1 = (2k-0.5)\delta$,如图 2-2 坐标轴位置 P_1 处;如果水印比特为 1,不等于 $\mathrm{round}(c_1/\delta)(\mathrm{mod}\ 2)$,则量化后为 $\tilde{c}_1 = (2k+0.5)\delta$,如图 2-2 坐标轴位置 P_2 处。

对于系数 c_2,其取值的范围为 $2k\delta + 0.5\delta \leqslant c_2 < (2k+1)\delta$,因为 $\mathrm{round}(c_2/\delta) = 2k+1$,并且 $\mathrm{round}(c_2/\delta)(\mathrm{mod}\ 2) = 1$ 所以按照量化公式,如果水印比特为 0,则量化后为 $\tilde{c}_2 = (2k+0.5)\delta$,如图 2-2 坐标轴位置 P_2 处;如果水印比特为 1,则量化后为 $\tilde{c}_2 = (2k+1.5)\delta$,如图 2-2 坐标轴位置 P_3 处。

运用水印的提取公式,对于 P_1 位置处的值,由于 $\mathrm{round}((2k-0.5)\delta/\delta) = 2k$,所以 $\mathrm{round}((2k-0.5)\delta/\delta)(\mathrm{mod}\ 2) = 0$,于是可以提取出水印比特 0;对于 P_2 位置处的值,由于 $\mathrm{round}((2k+0.5)\delta/\delta) = 2k+1$,所以 $\mathrm{round}((2k+0.5)\delta/\delta)(\mathrm{mod}\ 2) = 1$,于是可以提取出水印比特 1;对于 P_3 位置处的值,由于 $\mathrm{round}((2k+1.5)\delta/\delta) = 2k+2$,所以 $\mathrm{round}((2k+1.5)\delta/\delta)(\mathrm{mod}\ 2) = 0$,于是可以提取出水印比特 0。

根据以上分析,可以知道,如果水印比特为 0,则以上量化公式将区间

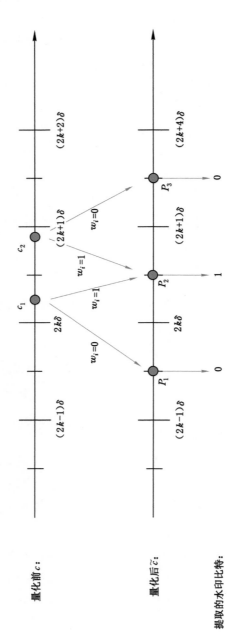

图 2-2　文献 [92] 中采用的量化公式示例

$[2k\delta,(2k+0.5)\delta)$ 内的 c_i 值量化为 $(2k-0.5)\delta$；将区间 $[(2k+0.5)\delta,(2k+1)$ $\delta)$ 内的 c_i 值量化为 $(2k+1.5)\delta$。如果水印比特为 1，则以上量化公式将区间 $[2k\delta,(2k+0.5)\delta)$ 内的 c_i 值量化为 $(2k+0.5)\delta$；将区间 $[(2k+0.5)\delta,(2k+1)$ $\delta)$ 内的 c_i 值量化为 $(2k+0.5)\delta$。运用提取公式，$(2k-0.5)\delta,(2k+1.5)\delta$ 处的值可以提取出水印比特 0，$(2k+0.5)\delta$ 处的值可以提取出水印比特 1。实际中，由于水印攻击的影响，P_1,P_2,P_3 处的值会产生一定的扰动，如果扰动量范围的为区间 $(-0.5\delta,0.5\delta)$ 则还是可以正确提取水印的，如果超过这个范围，则水印比特提取错误。

（3）文献[93]和文献[94]采用的嵌入公式为

$$Q_i=\begin{cases}0,k\delta\leqslant c_i<(k+1)\delta,k=0,2,4,\cdots\\1,k\delta\leqslant c_i<(k+1)\delta,k=1,3,5,\cdots\end{cases} \quad (2\text{-}5)$$

$$\tilde{c}_i=\begin{cases}\mathrm{floor}\left(\dfrac{c_i}{\delta}\right)\times\delta-\dfrac{\delta}{2},Q_i\neq w_i,c_i-\mathrm{floor}\left(\dfrac{c_i}{\delta}\right)\delta<1/2\delta\\[2mm]\mathrm{floor}\left(\dfrac{c_i}{\delta}\right)\times\delta+\dfrac{3\delta}{2},Q_i\neq w_i,c_i-\mathrm{floor}\left(\dfrac{c_i}{\delta}\right)\delta\geqslant1/2\delta\\[2mm]\mathrm{floor}\left(\dfrac{c_i}{\delta}\right)\times\delta+\dfrac{\delta}{2},Q_i=w_i\end{cases} \quad (2\text{-}6)$$

其中，δ 为嵌入步长，floor 为向下取整函数。其相应的水印提取公式为

$$w_i'=\begin{cases}0,k\delta\leqslant\tilde{c}_i<(k+1)\delta,k=0,\pm2,\cdots\\1,k\delta\leqslant\tilde{c}_i<(k+1)\delta,k=\pm1,\pm3,\cdots\end{cases} \quad (2\text{-}7)$$

该嵌入公式首先对系数进行量化，记量化函数为 Q，对属于区间 $[2k\delta,2k+1\delta)$ 范围内的系数值 c_i 量化为 0，对属于区间 $[(2k+1)\delta,(2k+2)\delta)$ 范围内的系数值 c_i 量化为 1。然后，根据 Q 的值和水印比特信息对系数进行扰动。图 2-3 直观地给出了对系数 c_1,c_2,c_3,c_4 进行扰动的示例。

对于系数 c_1，其取值范围为 $[2k\delta,(2k+0.5)\delta)$，$Q_1=0$，那么，如果水印比特为 0，则扰动后的 c_1 为 $\mathrm{floor}(c_1/\delta)\times\delta+0.5\delta=(2k+0.5)\delta$；如果水印比特为 1，因为 $c_1-\mathrm{floor}(c_1/\delta)\times\delta<\delta/2$，所以扰动后的 c_1 的值为 $\mathrm{floor}(c_1/\delta)\times\delta-0.5\delta=(2k-0.5)\delta$。

对于系数 c_2，其取值范围为 $[(2k+0.5)\delta,(2k+1)\delta)$，$Q_2=0$，那么，如果水印比特为 0，则扰动后的 c_2 为 $\mathrm{floor}(c_2/\delta)\times\delta+0.5\delta=(2k+0.5)\delta$；如果水印比特为 1，因为 $c_2-\mathrm{floor}(c_2/\delta)\times\delta\geqslant\delta/2$，所以扰动后的 c_2 的值为 $\mathrm{floor}(c_2/\delta)\times\delta+1.5\delta=(2k+1.5)\delta$。

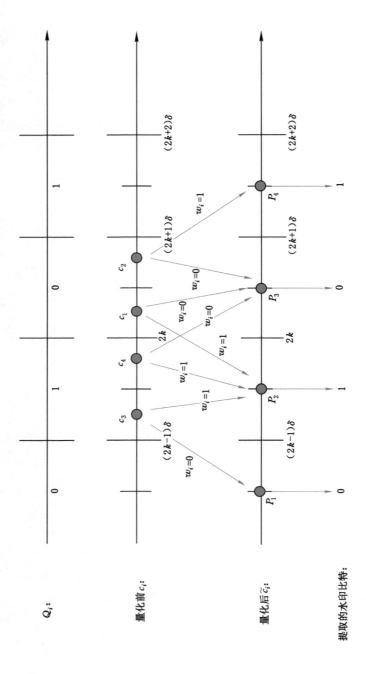

图 2-3 文献 [93] 和文献 [94] 中采用的量化公式示例

对于系数 c_3，其取值范围为 $[(2k-1)\delta,2k-0.5)\delta)$，$Q_3=1$，那么，如果水印比特为 1，则扰动后的 c_3 为 $\mathrm{floor}(c_3/\delta)\times\delta+0.5\delta=(2k-0.5)\delta$；如果水印比特为 0，因为 $c_3-\mathrm{floor}(c_3/\delta)\times\delta<\delta/2$，所以扰动后的 c_3 的值为 $\mathrm{floor}(c_3/\delta)\times\delta-0.5\delta=(2k-1.5)\delta$。

对于系数 c_4，其取值范围为 $[(2k-0.5)\delta,2k\delta)$，$Q_4=1$，那么，如果水印比特为 1，则扰动后的 c_4 为 $\mathrm{floor}(c_4/\delta)\times\delta+0.5\delta=(2k-0.5)\delta$；如果水印比特为 0，因为 $c_4-\mathrm{floor}(c_4/\delta)\times\delta\geqslant\delta/2$，所以扰动后的 c_4 的值为 $\mathrm{floor}(c_4/\delta)\times\delta+1.5\delta=(2k+0.5)\delta$。

最后利用扰动后的系数在点 P_1,P_2,P_3,P_4 处的值用水印提取公式提取时，可分别提取出水印比特 $0,1,0,1$。理论上，如果采用的变换为正交变换，那么对加水印的受保护图像进行变换后得到的系数就等于扰动后的系数（即点 P_1,P_2,P_3，P_4 处的值）。但是实际中，如果存在水印攻击，则得到的扰动后的系数会有一定的误差。但是如果该误差在范围 $(-\delta/2,\delta/2)$ 内，则水印比特还是可以正常提取的；如果误差超过 $(-\delta/2,\delta/2)$，则水印比特不能正确提取出来。

（4）文献[62]和[95]中采用如下量化扰动公式来嵌入水印

$$\tilde{c}_i=\mathrm{round}\left(\frac{c_i-d_i(w_i)}{\delta}\right)\delta+d_i(w_i) \tag{2-8}$$

其中，round 为近似取整函数；δ 为嵌入步长；$d_i(0)$ 是 $[0,\delta]$ 上的随机值，$d_i(1)=d_i(0)+\delta/2$。提取时，首先对 $\tilde{c}_i$ 分别用水印比特 0 和水印比特 1 进行相同的量化扰动，假设它们扰动后的值分别记为 e_{i0} 和 e_{i1}，则

$$e_{ij}=\mathrm{round}\left(\frac{c_i-d_i(j)}{\delta}\right)\delta+d_i(j),j=0,1 \tag{2-9}$$

然后分别比较 $\tilde{c}_i$ 与 e_{i0},e_{i1} 的接近度，通常采用最小距离判断，最后提取水印比特。具体公式如下：

$$w_i'=\underset{j\in\{0,1\}}{\mathrm{argmin}}(\tilde{c}_i-e_{ij})^2 \tag{2-10}$$

为了对以上量化公式进行直观描述，图 2-4 给出了对扰动前系数 c_1 进行量化的示例。选取的 $d_1(0),d_1(1)$ 如图 2-4 所示。通过计算可知 $\mathrm{round}((c_1-d_1(0))/\delta)\delta=2k\delta$，$\mathrm{round}((c_1-d_1(1))/\delta)\delta=(2k-1)\delta$，于是根据量化公式，如果水印比特为 0，则量化后的 $\tilde{c}_i$ 的值在点 P_1 处，其值为 e_{10}；如果水印比特为 1，则量化后的 $\tilde{c}_i$ 值在点 P_2 处，其值为 e_{11}；提取时，按照水印提取公式，$\tilde{c}$ 可以在点 P_1 处提取出 0，在点 P_2 处提取出 1。

关于量化公式的更多研究请参见文献[96]。

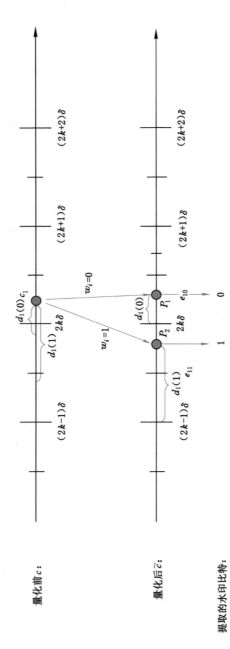

图 2-4 文献 [62] 和 [95] 中采用的量化公式示例

2.2　图像水印的评价指标

按照不同的应用场景,数字图像水印算法需要满足不同的条件。通常来讲,数字图像水印有如下几个性能指标[97]。

（1）鲁棒性

受保护的图像在实际使用中,会遭到有意或者无意的攻击,如滤波、噪声等。这就导致了图像灰度值的变化,从而引起嵌入图像中的水印遭到一定程度的破损。鲁棒性是指受保护的图像在遭到攻击后,能够提取出水印信息的能力。通常,水印的鲁棒性根据 BER(Bit Error Rate) 和 NC(Normalized Correlation Coefficient)来衡量[98]。BER 的定义为:

$$\mathrm{BER} = \frac{\sum\limits_{i=1}^{l}\sum\limits_{j=1}^{l} |W^*(i,j) - W(i,j)|}{l \times l} \tag{2-11}$$

NC 的定义为:

$$\mathrm{NC} = \frac{\sum\limits_{i=0}^{l-1}\sum\limits_{j=0}^{l-1} W(i,j) - W^*(i,j)}{\sqrt{\sum\limits_{i=0}^{l-1}\sum\limits_{j=0}^{l-1} W^2(i,j)}\ \sqrt{\sum\limits_{i=0}^{l-1}\sum\limits_{j=0}^{l-1} W^{*2}(i,j)}} \tag{2-12}$$

其中,W^* 为提取的水印,W 为原始的水印,它们的大小都为 $l \times l$。

（2）不可感知性

不可感知性是指水印隐藏于原始图像后得到的载体图像的视觉质量。载体图像与原始图像相比,灰度值会有一些变化,但这些变化是不容易被察觉的。为了定量地评价水印的不可感知性,通常采用 PSNR(Peak Signal-to-Noise Ratio)作为衡量指标。如果载体图像为灰度图像,其定义为[99]:

$$\mathrm{PSNR} = 10\log_{10} \frac{255^2}{\sum\limits_{x=0}^{M-1}\sum\limits_{y=0}^{N-1}(I(m,n) - I^*(m,n))^2} \tag{2-13}$$

这里,$I(m,n)$ 为原始图像,$I^*(m,n)$ 为加水印后的图像,大小均为 $M \times N$;如果原始图像为彩色图像,则 PSNR 的定义为[94]:

$$\mathrm{PSNR} = 10\log_{10} \left[\frac{3 \times 255^2 MN}{\sum\limits_{m=0}^{M-1}\sum\limits_{n=0}^{N-1}\sum\limits_{\xi \in (\mathrm{R,G,B})}(I_\xi(m,n) - I_\xi^*(m,n))^2}\right] \tag{2-14}$$

式中,$I_R(m,n)$,$I_G(m,n)$,$I_B(m,n)$表示大小为 $M\times N\times 3$ 的原始彩色图像红(R),绿(G),蓝(B)三个通道,$I_R^*(m,n)$,$I_G^*(m,n)$,$I_B^*(m,n)$分别表示了水印后图像的三个对应通道。

（3）水印容量

水印容量是指水印算法在保证不可感知的情形下嵌入的比特数。一般来讲,嵌入水印的比特数越大,图像的视觉质量越差。

（4）水印的安全性

水印的安全性是指水印能够抵抗恶意攻击的能力。这种攻击包括未经授权地去除水印、嵌入水印等。根据加密学中的 Kerckhoffs 原理,假设攻击者知道水印算法,但没有掌握水印检测过程中需要的密钥,则攻击者不能够提取或消除水印,则此水印系统是安全的[100]。然而,到目前为止,绝对安全的水印算法还没有出现。尽管很多水印算法的安全性较弱,但是有安全性总比没有好[101],因为密钥的破解需要一定的专业知识,对于合法的使用者来说,他们的目的并不是对水印进行恶意的攻击。一般在设计水印算法时,为了增强水印算法的安全性,应尽量使得密钥有足够大的密钥空间（这样做至少能抵抗恶意的穷举攻击）[97]。

2.3　图像加密的评价指标

图像加密将图像转换为不可识别的密文,如果接收者有相应的解密密钥,那么可以从密文恢复原始图像,而攻击者可以在一定时间内采用技术手段从密文图像获取明文图像。根据 Kerckhoffs 原理,假设攻击者已经掌握了加密算法,在未知密钥的情况下,对于一个较优秀的加密算法,如果攻击者要破解加密算法,不可能在期望的时间内破解算法,即需要付出极长的时间和极大的计算资源代价[102]。因此,加密算法在设计时需要考虑安全性。常见的安全性评价衡量有密钥空间、密钥敏感性、统计分析等,其中,统计分析指攻击者通过加密图像的一些统计信息来获取密钥信息或者原始图像信息,常见的统计分析有直方图分析、像素相关性分析等[102-105]。

（1）密钥空间

为了防止暴力破解,通常需要密钥空间足够大。Alvarez 等[106]提出,密钥空间至少要达到 2 100,加密算法才能达到一定的安全水平。

（2）密钥敏感性

密钥敏感性，即在图像解密过程中，如果解密密钥和真实的密钥有非常小的差异，则会生成完全不同的解密图像。

（3）直方图分析

直方图可以直观地展示图像中所有像素点的分布情况。通常，原始图像的直方图会根据不同的图像有不同的变化，并且所有加密图像的直方图分布情况相似，即所有灰度值均匀分布。所以，加密图像的像素要求均匀分布。

（4）像素相关性分析

一般而言，图像的像素存在相关性，即对于一幅图像的某个像素点，它和周围像素（水平、垂直和对角线反向的像素）有相关性。加密的目标之一就是降低相邻像素之间的相关性。

2.4　本章小结

本章主要介绍了几类在图像变换域嵌入水印时修改变换域系数方法，几种方法可以归类为量化索引调制。另外，给出了图像水印和图像加密的评价指标。几类方法的基本思路是，首先将系数进行量化，然后对量化值增加扰动后系数。

第 3 章　彩色图像表示及四元数理论

3.1　彩色图像表示

　　颜色可以理解为人眼对光的一种感受。人眼的视网膜存在感光细胞,当光线传入后,会产生不同的刺激传入大脑。彩色模型就是用一组数值来描述颜色的数学模型。为了描述彩色图像的色彩信息,人们提出了诸多彩色模型,下面介绍 RGB 彩色模型、YIQ 彩色模型、YCbCr 彩色模型及基于索引格式的彩色图像表示[107-110]。

3.2　RGB 彩色模型

　　根据人眼对红光、绿光、蓝光三种光谱的敏感性,将红(R)、绿(G)、蓝(B)作为三种基色来表示色彩,即 RGB 彩色模型。当三种基色以不同的比例混合时,就会产生多种多样的颜色,该模型是图像处理领域中最基本、最常用的颜色模型。在 RGB 模型下,每个 RGB 分量的强度值为 0~255,0 代表黑色,255 代表白色。考虑 RGB 图像,其中每个分量都是一幅 8 比特的灰度图像,每个像素表示 24 比特深度,颜色总数为 $16\ 777\ 216[=(2^8)^3]$,图 3-1 显示了彩色图像 Lena 部分区域的三个分量值。

3.2.1　YIQ 彩色模型

　　YIQ 彩色模型属于工业颜色模型,是彩色电视制式中使用的一种颜色模型。其中,Y 表示亮度分量,I,Q 表示彩色分量。YIQ 彩色模型与 RGB 彩色模型之间的关系表示为:

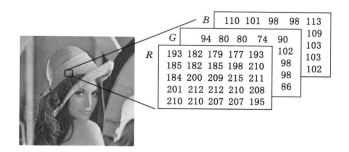

图 3-1 彩色图像 RGB 模型示意图

$$\begin{bmatrix} Y \\ I \\ Q \end{bmatrix} = \begin{bmatrix} 0.299 & 0.587 & 0.114 \\ 0.596 & -0.274 & -0.322 \\ 0.211 & -0.523 & 0.312 \end{bmatrix} \begin{bmatrix} R \\ G \\ B \end{bmatrix} \tag{3-1}$$

3.2.2 YCbCr 彩色模型

同 YIQ 类似，YCbCr 也属于工业颜色模型，Y 表示亮度分量，Cb 和 Cr 分别表示蓝色、红色的浓度偏移量。YCbCr 彩色模型与 RGB 彩色模型之间的关系如下：

$$\begin{bmatrix} Y \\ Cb \\ Cr \end{bmatrix} = \begin{bmatrix} 0.298\,9 & 0.586\,6 & 0.114\,5 \\ -0.168\,7 & -0.331\,2 & 0.500\,0 \\ 0.500\,0 & -0.418\,3 & -0.081\,6 \end{bmatrix} \begin{bmatrix} R \\ G \\ B \end{bmatrix} \tag{3-2}$$

3.2.3 索引格式表示

彩色图像的表示除了采用基本的 RGB 彩色模型，也可以使用索引格式。当使用这种格式表示彩色图像时，图像由一个整数矩阵 X 和一个颜色矩阵 Map 构成：颜色矩阵 Map 是一个大小为 $m \times 3$ 且取值范围在 $0 \sim 1$ 之间的数组，如图 3-2 所示，这里"m"表示颜色的数量，"3"表示红、绿、蓝三种颜色。整数矩阵 X 近似为一幅灰度图像，其元素为 $0 \sim 255$ 之间的整数，但这里不是表示像素值，而是作为指向颜色表 Map 的一个指针，决定着相应坐标位置处像素的颜色。对于 8 位的彩色图像，索引格式图像的每个像素可以有 256 种颜色。当图像中的某个颜色超出 256 种颜色时，系统会选取现有颜色中最接近的一种来模拟该颜色。

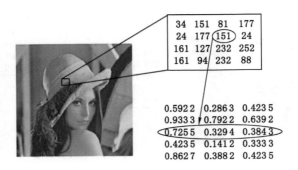

$$\begin{array}{cccc}
34 & 151 & 81 & 177 \\
24 & 177 & 151 & 24 \\
161 & 127 & 232 & 252 \\
161 & 94 & 232 & 88
\end{array}$$

$$\begin{array}{ccc}
0.5922 & 0.2863 & 0.4235 \\
0.9333 & 0.7922 & 0.6392 \\
0.7255 & 0.3294 & 0.3843 \\
0.4235 & 0.1412 & 0.3333 \\
0.8627 & 0.3882 & 0.4235
\end{array}$$

图 3-2　彩色图像的索引表示

3.3　三元数理论

三元数包含一个实部和两个虚部,以三元数 t 为例,它可以表示为[111]

$$t = t_0 + \mathrm{i}t_1 + \mathrm{j}t_2 \tag{3-3}$$

其中,t_0,t_1,t_2 均为实数,i,j 表示虚数单位,且遵守以下运算规则:

$$\mathrm{i}^2 = \mathrm{j}, \mathrm{ij} = \mathrm{ji} = -1, \mathrm{j}^2 = -\mathrm{i} \tag{3-4}$$

三元数对加法和数乘运算满足结合律、分配律和交换律。三元数的模可定义为

$$|t| = \sqrt{t_0^2 + t_1^2 + t_2^2} \tag{3-5}$$

当 $|t| = 1$,t 称为单位三元数。如果一个单位三元数中 $t_0 = 0$,此单位三元数就称为纯单位三元数。

3.4　四元数理论

近年来,四元数被引入彩色图像的表示中。很多传统的变换可以扩展到四元数变换,从而对彩色图像的变换域进行分析和处理。

四元数可以看作复数的推广,一个四元数 q 包含 1 个实部和 3 个虚部,可以表示为:

$$q = r_0 + \mathrm{i}r_1 + \mathrm{j}r_2 + \mathrm{k}r_3 \tag{3-6}$$

其中, r_0, r_1, r_2, r_3 均为实数, i, j, k 表示虚数单位, 且遵循下面的运算规则

$$i^2 = j^2 = k^2 = -1, ij = -ji = k$$
$$ij = -kj = i, ki = -ik = j \tag{3-7}$$

四元数 q 的共轭定义为 $\bar{q} = r_0 - ir_1 - jr_2 - kr_3$。

四元数 q 的模定义为 $|q| = |q\bar{q}| = \sqrt{r_0^2 + r_1^2 + r_2^2 + r_3^2}$。如果一个四元数 q 满足 $|q| = 1$, 则 q 称为单位四元数; 如果四元数 q 实部为 0, 则 q 称为纯四元数。

四元数欧拉公式表示为: $e^{\mu\theta} = \cos\theta + \mu\sin\theta$, 其中 μ 为任意的单位纯四元数。

四元数的逆定义为

$$q^{-1} = \frac{\bar{q}}{|q|^2} \tag{3-8}$$

如果 q_1 和 q_2 分别为两个四元数, 表示为

$$q_1 = c_0 + ic_1 + jc_2 + kc_3 \tag{3-9}$$
$$q_2 = d_0 + id_1 + jd_2 + kd_3 \tag{3-10}$$

则它们之间的加法和乘法的运算法则分别为:

$$q_1 + q_2 = c_0 + d_0 + i(c_1 + d_1) + j(c_2 + d_2) + k(c_3 + d_3) \tag{3-11}$$
$$q_1 q_2 = (c_0 d_0 - c_1 d_1 - c_2 d_2 - c_3 d_3) + i(c_0 d_1 + d_0 c_1 + c_2 d_3 - d_2 c_3)$$
$$+ j(c_0 d_2 - c_1 d_3 + d_0 c_2 + d_1 c_3) + k(c_0 d_3 + c_1 d_2 - d_1 c_2 + d_0 c_2) \tag{3-12}$$

值得注意的是, 两个四元数的乘法不满足可交换性, 即 $q_1 q_2 \neq q_2 q_1$。

四元数的加法与乘积具有以下共轭性质:

$$\overline{q_1 + q_2} = \overline{q_1} + \overline{q_2} \tag{3-13}$$
$$\overline{q_1 q_2} = \overline{q_2}\, \overline{q_1} \tag{3-14}$$

更多关于四元数的运算及相关性质请参见文献[112]。

3.5　本章小结

本章首先介绍彩色图像的几种表示形式, 包括 RGB 颜色模型、YIQ 颜色模型、YCbCr 颜色模型和彩色图像的索引格式表示。然后重点介绍了三元数并进一步扩展到四元数的一些理论, 包括定义、基本运算法则等, 为后续章节研究四元数变换奠定理论基础。

第4章 几类传统的复数变换

4.1 离散分数阶 Fourier 变换

传统的 Fourier 变换将信号从时间域(空间域)转换到频率域进行分析,在图像处理领域发挥着极其重要的作用。然而,信号的 Fourier 变换的结果是信号整体的频谱,不能反映信号在某一时刻的局部特征,也不能反映信号频率随时间变化的情况。分数阶 Fourier 变换利用时间-频率旋转的特性,能够反映信号从时域逐渐变化到频域的所有特征,并且 Fourier 变换可以看作分数阶 Fourier 变换在某一阶数下的特例,所以分数阶 Fourier 变换不但继承了传统 Fourier 变换的基本性质,而且还具有一些传统 Fourier 变换不具备的优良性质。因此,一些传统 Fourier 变换的信号处理方法逐渐推广到分数阶 Fourier 变换,而且仍在不断发展。

对于二维函数 $f(x,y)$,它的分数阶 Fourier 变换可以表示为[113]

$$F^{a,b}(u,v) = \int_{-\infty}^{\infty} \int_{-\infty}^{\infty} f(x,y) K_a(x,u) K_b(y,v) \mathrm{d}x \mathrm{d}y \tag{4-1}$$

其中 $K_a(x,u)$,$K_b(y,v)$ 是分数阶 Fourier 变换的核函数,定义为

$$K_a(x,u) = \sqrt{\frac{1-\mathrm{i}\cot \alpha}{2\pi}} \exp\left(\mathrm{i}(x^2+u^2)\cot \frac{\alpha}{2} - \mathrm{i}xu\csc \alpha\right) \tag{4-2}$$

$$K_b(y,v) = \sqrt{\frac{1-\mathrm{i}\cot \beta}{2\pi}} \exp\left(\mathrm{i}(y^2+v^2)\cot \frac{\beta}{2} - \mathrm{i}yv\csc \beta\right) \tag{4-3}$$

这里,$\alpha = a\pi/2$,$\beta = b\pi/2$ 表示分数阶 Fourier 变换的旋转角度。根据定义可以看出,传统的 Fourier 变换是分数阶 Fourier 变换在阶数 $a=b=1$ 时的一个特例。当 $a=b=0$ 时,分数阶 Fourier 变换退化成一个恒等算子,此时变换域为原始图像本身。根据分数阶 Fourier 变换的这一性质和分数阶 Fourier 变换的

角度可加性,分数阶 Fourier 变换的逆变换可以表示为

$$f(x,y)=\int_{-\infty}^{\infty}\int_{-\infty}^{\infty}F_{-a,-b}(u,v)K_{-a}(x,u)K_{-b}(y,v)\mathrm{d}u\mathrm{d}v \qquad (4\text{-}4)$$

更多分数阶 Fourier 变换的性质见表 4-1[113]。

表 4-1　分数阶 Fourier 变换的性质

性质	数学表述
零旋转	$F^0=\mathbf{I},\mathbf{I}$ 表示单位算子
与 Fourier 变换等价	$F^{\pi/2}=F$
2π 旋转	$F^{2\pi}=\mathbf{I}$
旋转可加性	$F^aF^b=F^{a+b}$
结合性	$F^aF^bF^c=F^a(F^bF^c)$
酉性	$(F^a)-1=(F^a)^{\mathrm{H}}$,符号 H 表示复共轭
逆运算性	$(F^a)^{-1}=F^{-a}$

在实际的信号(如数字图像等)处理问题中,原始信号通常是离散的,所以在应用分数阶 Fourier 变换时,需要将其离散化。如果直接对积分进行离散化计算,通常会出现近似误差,不能很好地近似连续状态下的变换系数,所以需要构造离散的分数阶 Fourier 变换。为了离散分数阶 Fourier 变换能够维持近似连续的状态,并且保留其原始性质(如旋转可加性),Pei 等给出了基于特征值分解方法的离散分数阶 Fourier 变换的定义。该定义通过求解 Fourier 变换核矩阵的特征值分解,将分数阶数作为特征值的分数阶幂来构造离散形式(实际构造中,由于特征值和特征向量需要对应,所以还需要对特征值和特征向量按照一定的规则来排序)。假设长度为 N 的一维信号的离散 Fourier 变换的变换核矩阵为 $\mathbf{T}$,则其分数阶变换矩阵 $\mathbf{T}^a$ 可以表示为[114]

$$\mathbf{T}^a=\mathbf{VD}a\mathbf{V}^{\mathrm{H}}=\begin{cases}\sum_{k=0}^{N-1}\exp(-\mathrm{j}k\alpha\pi/2)\boldsymbol{v}_k\boldsymbol{v}_k^{\mathrm{H}}, & N\text{ 为奇数}\\[2ex]\sum_{k=0}^{N-2}\exp(-\mathrm{j}ka\pi/2)\boldsymbol{v}_k\boldsymbol{v}_k^{\mathrm{H}}+\exp(-\mathrm{j}N\alpha\pi/2)\boldsymbol{v}_{N-1}\boldsymbol{v}_{N-1}^{\mathrm{H}}, & N\text{ 为偶数}\end{cases}$$

$$(4\text{-}5)$$

其中,H 表示共轭转置,$\mathbf{V}$ 的所有列向量构成 $\mathbf{T}$ 的一组标准正交的特征向量,$\boldsymbol{v}_k$ 为 $\mathbf{T}$ 的第 k 个标准正交的特征向量;$\mathbf{D}$ 为对角矩阵,其对角元素为矩阵 $\mathbf{T}$ 的特征值,并且 $\mathbf{D}$ 中第 k 个对角元素作为特征值的特征向量为 $\boldsymbol{v}_k$。

更进一步,二维图像 f 的离散分数阶 Fourier 变换核矩阵可以定义为:

$$F^{a,b}(f) = \boldsymbol{V}\boldsymbol{D}^{a\pi/2}\boldsymbol{V}^{\mathrm{H}}f\boldsymbol{V}\boldsymbol{D}^{b\pi/2}\boldsymbol{V}^{\mathrm{H}} \qquad (4\text{-}6)$$

根据以上定义,可以知道,基于特征值分解的离散分数阶 Fourier 变换满足连续情况下的诸多性质,如零旋转、与 Fourier 变换等价、2π 旋转、旋转可加性等。为了更加直观地描述分数阶 Fourier 变换的图像分析性能,图 4-1 给出了 Lena 图像的不同阶数下的分数阶 Fourier 变换域的幅值。

（a）原始图像　　　　（b）$a=0.1,b=0.1$　　　　（c）$a=0.5,b=0.5$

（d）$a=0.1,b=0.5$　　　　（e）$a=0.5,b=0.1$　　　　（f）$a=1,b=1$

图 4-1　不同阶数下的离散分数阶 Fourier 变换域幅值图

4.2　传统 Krawtchouk 变换

长度为 N 的一维信号 $f(x)$ 的 Krawtchouk 变换定义为[115]

$$Q_n = \sum_{x=0}^{N-1} K_n(x;p,N-1), f(x), n=0,1,\cdots,N-1 \qquad (4\text{-}7)$$

式中,$K_n(x;p,N-1)$ 为加权的 Krawtchouk 多项式,定义为

$$K_n(x;p,N-1) = \kappa_n(x;p,N-1) \sqrt{\frac{w(x;p,N-1)}{\rho(x;p,N-1)}} \tag{4-8}$$

其中,$\rho(x;p,N-1)$ 为归一化因子,$w(x;p,N-1)$ 为 Krawtchouk 多项式的权函数,分别定义为

$$w(x;p,N-1) = \begin{bmatrix} N-1 \\ x \end{bmatrix} p^x (1-p)^{N-1-x} \tag{4-9}$$

$$\rho(n;p,N-1) = \left(\frac{p-1}{p}\right)^n \frac{n!}{(-N+1)_n} \tag{4-10}$$

$\kappa_n(x;p,N-1)$ 为 Krawtchouk 多项式,定义为

$$\kappa_n(x;p,N-1) = {}_2F_1\left(-n,-x;-N+1;\frac{1}{p}\right), p \in (0,1) \tag{4-11}$$

其中,${}_2F_1$ 为超几何函数:

$$_2F_1(a;b;c;z) = \sum_{k=0}^{\infty} \frac{(a)_k(b)_k}{(c)_k} \frac{z^k}{k!} \tag{4-12}$$

$(a)_k$ 为 Pochhammer 符号:

$$(a)_k = a(a+1)\cdots(a+k+1) = \frac{\Gamma(a+k)}{\Gamma(a)} \tag{4-13}$$

此外,加权的 Krawtchouk 多项式 $K_n(x;p,N-1)$ 具有如下正交性质:

$$\sum_{x=0}^{N-1} K_n(x;p,N-1)K_m(x;p,N-1) = \delta_{nm} \tag{4-14}$$

由此可以得到如下相对应的逆变换

$$f(x) = \sum_{n=0}^{N-1} Q_n K_n(x;p,N-1) \tag{4-15}$$

对于一幅 $N \times N$ 大小的图像 $g(x,y)$,二维 Krawtchouk 变换及其逆变换可定义为:

$$Q_{nm} = \sum_{x=0}^{N-1} \sum_{y=0}^{N-1} K_n(x;p,N-1)K_m(x;p,N-1)g(x,y) \tag{4-16}$$

$$g(x,y) = \sum_{n=0}^{N-1} \sum_{m=0}^{N-1} Q_{nm} K_n(x;p,N-1)K_m(x;p,N-1) \tag{4-17}$$

4.3　离散分数阶 Krawtchouk 变换

传统的 Fourier 变换可以在时间域或频率域对信号进行分析,分数阶

Fourier 变换作为 Fourier 变换的广义形式,能够在介于时间域和频率域的分数阶域对信号进行分析处理,极大地丰富了 Fourier 变换这一基本信号处理工具的内涵和外延。以一维情况为例,与传统 Fourier 变换相比,分数阶 Fourier 变换多了一个与时间-频率平面旋转角度相关的自由参数,称为分数阶阶数。通过调节参数,分数阶 Fourier 变换可以表示信号从时间域逐渐变化到频率域的所有特征。由于以上特性,分数阶 Fourier 变换已经在量子力学[116-117]和信号处理领域[118-120]有了广泛的应用。实际应用中,分数阶 Fourier 变换需要离散化实现,出现了诸多定义离散分数阶 Fourier 变换的形式[121-123]。为了使离散分数阶 Fourier 变换更好地接近连续的变换,满足旋转角度可加性和酉性,Pei 等[124-125]提出了一种基于特征值分解的离散化方法,并定义了一类新的离散分数阶 Fourier 变换。由于分数阶 Fourier 变换的特征向量是 Hermite-Gaussian 函数,所以,Hanna 等[126]研究了能较好地近似 Hermite-Gaussian 函数的离散分数阶 Fourier 变换的特征向量。鉴于以上离散分数阶 Fourier 变换的理论研究,离散分数阶 Fourier 变换已经被应用于光学图像加密[127],并在数字信号处理领域有大量应用[128]。由于离散分数阶 Fourier 变换的成功应用,也有学者推导了其他经典变换的分数阶形式,如离散分数阶 Hadamard 变换、离散分数阶 Hilbert 变换、离散分数阶余弦变换、离散分数阶正弦变换[129-134]。

Yap 等[135]利用加权的 Krawtchouk 多项式提出了一种正交变换,定义为 Krawtchouk 变换(又称 Krawtchouk 矩)。由于 Krawtchouk 多项式是离散正交的,所以 Krawtchouk 变换是一类离散正交变换,在计算中不存在离散化误差。通过调节加权 Krawtchouk 多项式中的多项式参数,二维 Krawtchouk 变换系数可以描述图像的特定区域。Krawtchouk 变换已经被应用于图像重建和图像水印[136-138]。Yap 等[136]利用 Krawtchouk 变换进行图像重建,其重建误差要少于同类的其他方法。Venkataramana 等[137]利用 Krawtchouk 变换设计了能够抵抗几何攻击的水印算法。Papakostas 等[138]利用 Krawtchouk 变换将水印嵌入图像的局部区域。Atakishiyev 等[139]将 Krawtchouk 多项式函数与复指数函数的分数次幂作乘积构造了分数阶 Fourier-Krawtchouk 变换。

本节首先推导了 Krawtchouk 变换矩阵的特征值和特征值重数,并给出了一组与特征值对应的标准正交的特征向量;然后利用特征值分解方法构造了一维分数阶 Krawtchouk 变换,并进一步推广到了二维空间;最后应用分数阶 Krawtchouk 变换设计了一类变换域的鲁棒水印算法。通过调节分数阶阶数,水印的鲁棒性和不可见性可以得到增强。另外,在水印算法中,分数阶阶数可以当作密钥来增强水印的安全性。

4.3.1　Krawtchouk 变换矩阵的特征值和特征向量

将式(4-1)中的一维 Krawtchouk 变换写成矩阵的表示形式,可记为

$$Q = Kf \qquad (4\text{-}18)$$

其中,K 为该变换的变换矩阵,定义为

$$K_{n,x} = K_n(x;p,N-1), 0 \leqslant n,x \leqslant N-1 \qquad (4\text{-}19)$$

这里,我们首先给出 Krawtchouk 变换矩阵 K 的一些有用的性质。

性质 4.1　K 为对称矩阵。

证明　性质 4.1 可以从式(4-8)和(4-19)得到。

性质 4.2　K 为正交矩阵。

证明　性质 4.2 的证明请参见文献[135]。

性质 4.3　K 的特征值为 1 和 -1。

证明　令 λ 为 K 的特征值,$u \in \mathbf{R}^{N \times 1}$ 为相应的特征向量,则有

$$Ku = \lambda u \qquad (4\text{-}20)$$

然后,结合性质 4.1 和性质 4.2,可得

$$u = KKu = \lambda Ku = \lambda^2 u \qquad (4\text{-}21)$$

于是有

$$(\lambda^2 - 1)u = 0 \qquad (4\text{-}22)$$

即 K 的特征值 $\lambda_0 = 1, \lambda_1 = -1$。

证毕。

根据以上性质,K 的特征值重数可以由下述定理得到。

定理 4.1　对于 N 行 N 列的 Krawtchouk 变换矩阵 K,如果 N 为偶数,则 K 的特征值 $\lambda_0 = 1$ 和 $\lambda_1 = -1$ 的重数相等;如果 N 为奇数,则特征值 $\lambda_1 = 1$ 的重数为特征值 $\lambda_1 = -1$ 的重数加 1。

证明　定理 4.1 的证明请见附录 A。

接下来将确定各特征值对应的特征向量。由性质 4.1 和性质 4.2 可知,K 为实对称正交矩阵。根据谱定理[140],K 可分解为如下形式:

$$K = \lambda P_0 + \lambda P_1 \qquad (4\text{-}23)$$

其中,$P_i(i=0,1)$ 为 K 在其第 i 个特征空间的正交投影,λ_i 为 K 的第 i 个特征值。因为对任意的整数 m,有 $K^m x = \lambda^m xx$,因此,K^m 与 K 有相同的特征向量及投影矩阵。于是

$$K^m = \lambda_0^m P_0 + \lambda_1^m P_1, m = 0, 1, 2, \cdots \tag{4-24}$$

式中,$K_0 = I$(I 为单位矩阵)。取 $m = 0, 1$,式(4-24)可表示为:

$$A \begin{bmatrix} P_0 \\ P_1 \end{bmatrix} = \begin{bmatrix} I \\ K \end{bmatrix} \tag{4-25}$$

其中 A 定义为

$$A = \begin{bmatrix} I & I \\ \lambda_0 I & \lambda_1 I \end{bmatrix} \tag{4-26}$$

进一步可得

$$AA^{\mathrm{T}} = \begin{bmatrix} 2I & (\lambda_0 + \lambda_1)I \\ (\lambda_0 + \lambda_1)I & (\lambda_0^2 + \lambda_1^2)I \end{bmatrix} = 2 \begin{bmatrix} I & 0 \\ 0 & I \end{bmatrix} \tag{4-27}$$

于是 A 的逆 A^{-1} 为

$$A^{-1} = 0.5 A^{\mathrm{T}} \tag{4-28}$$

式(4-25)两端同时左乘 A^{-1} 可得到

$$\begin{bmatrix} P_0 \\ P_1 \end{bmatrix} = 0.5 A^{\mathrm{T}} \begin{bmatrix} I \\ K \end{bmatrix} = 0.5 \begin{bmatrix} I & \lambda_0 I \\ I & \lambda_1 I \end{bmatrix} \begin{bmatrix} I \\ K \end{bmatrix} \tag{4-29}$$

即

$$P_0 = 0.5(I + K) \tag{4-30}$$

$$P_1 = 0.5(I - K) \tag{4-31}$$

由式(4-30),(4-31),可得到如下关于 P_0, P_1 的性质。

性质 4.4 $P_i^{\mathrm{T}} = P_i, i = 0, 1$。

性质 4.5[141] $P_0^2 = P_0, P_1^2 = P_1$。

性质 4.6 P_0 和 P_1 相互正交,即 $P_0 P_1 = 0$(0 为零矩阵)。

引理 4.1 矩阵 P_0, P_1 的特征值都为 0 和 1。而且,P_0 的特征值 1 的重数等于 K 的特征值 1 的重数;P_1 的特征值 1 的重数等于 K 的特征值 -1 的重数。

证明 矩阵 P_0 和 P_1 的特征值为 0 和 1 的证明请参见文献[142]。

令 γ, η, λ 分别为 P_0, P_1, K 的特征值。根据式(4-30)和(4-31),得到

$$| \gamma I - P_0 | = | \gamma I - 0.5(K + I) | = | (\gamma - 0.5)I - 0.5K |$$
$$= 0.5^N | (2\gamma - 1)I - K | = 0 \tag{4-32}$$

类似地

$$| \eta I - P_1 | = 0.5^N | (2\eta - 1)I + K | = 0 \tag{4-33}$$

$$| \lambda I - K | = 0 \tag{4-34}$$

由式(4-32)~式(4-34)可知

$$2\gamma - 1 = \lambda \tag{4-35}$$

$$-(2\eta - 1) = \lambda \tag{4-36}$$

因此,如果 $\lambda = 1$,那么 $\gamma = 1$,$\eta = 0$;如果 $\lambda = -1$,那么 $\gamma = 0$,$\eta = 1$。

证毕。

引理 4.2　矩阵 $\boldsymbol{P}_0$ 的非零特征值对应的特征向量和矩阵 $\boldsymbol{P}_1$ 的非零特征值对应的特征向量正交。

证明　假设 $\boldsymbol{P}_0$ 和 $\boldsymbol{P}_1$ 为 N 阶方阵,$\boldsymbol{u}_i$,$\boldsymbol{v}_j$ 分别为 $\boldsymbol{P}_0$,$\boldsymbol{P}_1$ 非零特征值对应的特征向量。(由定理 4.1 和引理 4.1 可知,如果 N 为偶数,$N = 2m$,则 $i,j = 1,2,$ $\cdots,m$;如果 N 为奇数,$N = 2m+1$,则 $i = 1,2,\cdots,m+1$,$j = 1,2,\cdots,m$)

则

$$\boldsymbol{P}_0 \boldsymbol{u}_i = \boldsymbol{u}_i \tag{4-37}$$

$$\boldsymbol{P}_1 \boldsymbol{v}_j = \boldsymbol{v}_j \tag{4-38}$$

由式(4-37)和式(4-38)可得

$$(\boldsymbol{u}_i)^{\mathrm{T}} \boldsymbol{v}_j = (\boldsymbol{P}_0 \boldsymbol{u}_i)^{\mathrm{T}} (\boldsymbol{P}_1 \boldsymbol{v}_j) = (\boldsymbol{u}_i)^{\mathrm{T}} \boldsymbol{P}_0^{\mathrm{T}} \boldsymbol{P}_1 \boldsymbol{v}_j \tag{4-39}$$

另一方面,结合性质 4.6 $\boldsymbol{P}_0^{\mathrm{T}} \boldsymbol{P}_1 = \boldsymbol{0}$ 可知

$$(\boldsymbol{u}_i)^{\mathrm{T}} \boldsymbol{v}_j = \boldsymbol{0} \tag{4-40}$$

证毕。

引理 4.3　矩阵 $\boldsymbol{P}_0$ 和 $\boldsymbol{P}_1$ 非零特征值对应的特征向量分别为 $\boldsymbol{K}$ 对应于特征值 $\lambda_0 = 1$,$\lambda_1 = -1$ 的特征向量。

证明　令 $\boldsymbol{u}_i$,$\boldsymbol{v}_j$ 分别为 $\boldsymbol{P}_0$ 和 $\boldsymbol{P}_1$ 非零特征值对应的特征向量,则有

$$\boldsymbol{K}\boldsymbol{u}_i = (\lambda_0 \boldsymbol{P}_0 + \lambda_1 \boldsymbol{P}_1) \boldsymbol{u}_i = \lambda_0 \boldsymbol{P}_0 \boldsymbol{u}_i + \lambda_1 \boldsymbol{P}_1 \boldsymbol{u}_i = \lambda_0 \boldsymbol{P}_0 \boldsymbol{u}_i + \lambda_1 \boldsymbol{P}_1 \boldsymbol{P}_0 \boldsymbol{u}_i$$
$$= \lambda_0 \boldsymbol{P}_0 \boldsymbol{u}_i + \lambda_1 \boldsymbol{P}_1^{\mathrm{T}} \boldsymbol{P}_0 \boldsymbol{u}_i = \lambda_0 \boldsymbol{P}_0 \boldsymbol{u}_i = \lambda_0 \boldsymbol{u}_i$$

$$\tag{4-41}$$

类似地

$$\boldsymbol{K}\boldsymbol{v}_j = \lambda_0 \boldsymbol{P}_0 \boldsymbol{v}_j + \lambda_1 \boldsymbol{P}_1 \boldsymbol{v}_j = \lambda_0 \boldsymbol{P}_0 \boldsymbol{P}_1 \boldsymbol{v}_j + \lambda_1 \boldsymbol{P}_1 \boldsymbol{v}_j = \lambda_1 \boldsymbol{v}_j \tag{4-42}$$

证毕。

下面将通过 SVD 分解的方法[123]求得 $\boldsymbol{K}$ 的一组标准正交的特征向量。

首先,对矩阵 $\boldsymbol{P}_0$ 和 $\boldsymbol{P}_1$ 进行奇异值分解,得到

$$\boldsymbol{P}_0 = \boldsymbol{U}_0 \boldsymbol{S}_0 \boldsymbol{V}_0^{\mathrm{T}} \tag{4-43}$$

$$\boldsymbol{P}_1 = \boldsymbol{U}_1 \boldsymbol{S}_1 \boldsymbol{V}_1^{\mathrm{T}} \tag{4-44}$$

于是,根据性质 4.1,4.2 和引理 4.1,可得

$$\boldsymbol{P}_0 = \boldsymbol{P}_0^{\mathrm{T}} \boldsymbol{P}_0 = (\boldsymbol{U}_0 \boldsymbol{S}_0 \boldsymbol{V}_0^{\mathrm{T}})^{\mathrm{T}} (\boldsymbol{U}_0 \boldsymbol{S}_0 \boldsymbol{V}_0^{\mathrm{T}})$$

$$=V_0 S_0 U_0^T U_0 S_0 V_0^T = V_0 S_0^2 V_0^T = V_0 S_0 V_0^T \tag{4-45}$$

类似地

$$P_1 = V_1 S_1 V_1^T \tag{4-46}$$

于是,根据式(4-45)和(4-46)则有

$$P_0 V_0 = V_0 S_0, P_1 V_1 = V_1 S_1 \tag{4-47}$$

式(4-47)表明,V_0 和 V_1 分别为矩阵 P_0 和 P_1 的一组标准正交的特征向量。然后,根据引理 4.1 和定理 4.1 可知,如果 N 为偶数($N=2m$),矩阵 P_0 和 P_1 的特征值重数均为 1;如果 N 为奇数($N=2m+1$),矩阵 P_0 和 P_1 的特征值 1 的重数分别为 $m+1$ 和 m。最后,结合引理 4.3,取 u_i 和 v_j 分别为 V_0 的第 i 列和 V_1 第 j 列,如果 N 为偶数($N=2m$),K 的一组标准正交的特征向量 $\overline{V}$ 可表示为

$$\overline{V} = [u_1, u_2, \cdots, u_m, v_1, v_2, \cdots, v_m] \tag{4-48}$$

另一方面,如果 N 为奇数($N=2m+1$),K 的一组标准正交的特征向量 $\overline{V}$ 可表示为

$$\overline{V} = [u_1, u_2, \cdots, u_m, u_{m+1} v_1, v_2, \cdots, v_m] \tag{4-49}$$

4.3.2　一维分数阶 Krawtchouk 变换

在 4.3.1 小节中,已经得到了 K 的一组标准正交的特征向量 $\overline{V}$。然后我们需要重新排列 $\overline{V}$ 的列来对应 K 的特征值和特征向量。假设重新排列后的正交特征向量组为 V,并且其各列对应的特征值位于矩阵 D 的对角元素,则 K 可表示为

$$K = VDV^T \tag{4-50}$$

其中

$$V = \begin{cases} [u_1, v_1, u_2, v_2, \cdots, u_m, v_m], & N \text{ 为偶数} \\ [u_1, v_1, u_2, v_2, \cdots, u_m, v_m, u_{m+1}], & N \text{ 为奇数} \end{cases} \tag{4-51}$$

并且如果 N 为偶数,D 表示为

$$D = \begin{bmatrix} 1 & & & & \\ & -1 & & & \\ & & 1 & & \\ & & & \ddots & \\ & & & & -1 \end{bmatrix} \tag{4-52}$$

如果 N 为奇数,D 表示为

$$D = \begin{bmatrix} 1 & & & & \\ & -1 & & & \\ & & 1 & & \\ & & & \ddots & \\ & & & & 1 \end{bmatrix} \qquad (4\text{-}53)$$

因为 D 的对角元素可以表示为 $e^{-jk\pi}(k=0,1,\cdots,N-1)$，那么类似于 DfrFT 的构造[121,122]，可以通过构造 D 对角元素的分数阶幂来构造分数阶 Krawtchouk 变换。最后分数阶阶数为 a，旋转角度为 α（$\alpha = \pi a$）的分数阶 Krawtchouk 变换矩阵 K^a 可表示为

$$K^a = VD^aV^{\mathrm{T}} = \sum_{k=0}^{N-1} e^{-jka} v_k v_k^{\mathrm{T}} \qquad (4\text{-}54)$$

其中，$v_k(k=0,1,\cdots,N-1)$ 为 V 的第 k 列，D^a 定义为

$$D^a = \begin{bmatrix} e^{-j0a} & & & & \\ & e^{-ja} & & & \\ & & e^{-j2a} & & \\ & & & \ddots & \\ & & & & e^{-j(N-1)a} \end{bmatrix} \qquad (4\text{-}55)$$

于是，长度为 N 的一维信号 $f(x)$ 的 a 阶 FrKT 可定义为

$$Q^a = K^a f \qquad (4\text{-}56)$$

其相应逆变换可定义为

$$f = K^{-a} Q^a \qquad (4\text{-}57)$$

4.3.3　二维分数阶 Krawtchouk 变换

对于二维图像 $g(x,y)$，可以通过先对每列进行一维 FrKT，然后对每一行进行一维 FrKT 来实现二维 FrKT 变换。即对于二维图像，分数阶阶数为 (a,b)，旋转角度为 (α,β)（$\alpha = \pi a, \beta = \pi b$）的二维 FrKT 可定义为

$$Q^{a,b} = K^a g K^b \qquad (4\text{-}58)$$

注意，式(4-58)中对应于图像列变换和行变换的变换矩阵 K^a 和 K^b 中参数 a 和 b 可以相同，也可以不同。书中，记 K^a 的 Krawtchouk 多项式参数为 p，记 K^b 的多项式参数为 q，并且 $p,q \in (0,1)$。

相应地，二维 FrKT 逆变换可表示为

$$g = K^{-a} Q^{a,b} K^{-b} \qquad (4\text{-}59)$$

另外,从式(4-58)和(4-59)可知,二维 FrKT 比传统的 Krawtchouk 变换多了两个参数,即分数阶阶数(a,b)。

4.3.4 分数阶 Krawtchouk 变换矩阵的性质

对于分数阶变换的构造,通常需要满足可逆性、分数阶数可加性,并且可以表示为传统的变换[123-124]。下面将证明 FrKT 变换矩阵 $\boldsymbol{K}^a$ 也满足这几个基本性质。

根据式(4-55)可知,如果 $a=0$,分数阶 Krawtchouk 变换退化为单位算子;并且如果 $a=1$,则 $\boldsymbol{D}^a=\boldsymbol{D}$。此时 FrKT 退化为传统的 Krawtchouk 变换。即 Krawtchouk 变换是 FrKT 在阶数 $a=1$ 时的特例。下面将讨论另外两个性质。

性质 4.7 分数阶阶数可加性

$$\boldsymbol{K}^a\boldsymbol{K}^b=\boldsymbol{K}^{a+b} \tag{4-60}$$

证明 根据式(4-54)可知

$$\boldsymbol{K}^a\boldsymbol{K}^b=\boldsymbol{V}\boldsymbol{D}^a\boldsymbol{V}^{\mathrm{T}}(\boldsymbol{V}\boldsymbol{D}^b\boldsymbol{V}^{\mathrm{T}})=\boldsymbol{V}\boldsymbol{D}^a\boldsymbol{D}^b\boldsymbol{V}^{\mathrm{T}} \tag{4-61}$$

另一方面,由式(4-55)可知

$$\boldsymbol{D}^a\boldsymbol{D}^b=\boldsymbol{D}^{a+b} \tag{4-62}$$

将式(4-62)代入式(4-61),可以得到

$$\boldsymbol{K}^a\boldsymbol{K}^b=\boldsymbol{V}\boldsymbol{D}^{a+b}\boldsymbol{V}^{\mathrm{T}}=\boldsymbol{K}^{a+b} \tag{4-63}$$

证毕。

性质 4.8 可逆性

$$\boldsymbol{K}^{-a}=(\boldsymbol{K}^a)^{-1} \tag{4-64}$$

式(4-64)的证明可以通过在式(4-60)中取 $b=-a$ 并且结合性质 $\boldsymbol{K}^0=\boldsymbol{I}$ 得到。

4.4 Gyrator 变换

对于一幅灰度图像 $f(x,y)$,旋转角度为 α 的 Gyrator 变换的定义为[143]

$$G(u,v)=\iint f(x,y)K_a(x,y;u,v)\mathrm{d}x\mathrm{d}y \tag{4-65}$$

其中

$$K_a(x,y;u,v)=\frac{1}{|\sin\alpha|}\exp\left(\mathrm{i}2\pi\frac{(uv+xy)\cos\alpha-(uy+vx)}{\sin\alpha}\right)\mathrm{d}x\mathrm{d}y$$

$$\tag{4-66}$$

式中，(x,y) 和 (u,v) 分别表示输入和输出坐标，i 为虚数单位。

相应地，Gyrator 变换的逆变换为[144-145]

$$f(x,y)=\iint G(u,v)K_{-a}(x,y;u,v)\mathrm{d}u\,\mathrm{d}v \qquad (4\text{-}67)$$

也就是说，对 Gyrator 变换的结果再进行一次角度为 $-\alpha$ 的 Gyrator 变换，可以得到原始图像。

4.5　分数阶 Bessel-Fourier 矩变换

4.5.1　Bessel-Fourier 矩

本小节，我们给出传统 Bessel-Fourier 矩的定义。给定 $f(r,\theta)$ 为极坐标下的二维图像，则其 Bessel-Fourier 矩（Bessel-Fourier Moment，BFM）定义为[146]

$$B_{n,m}(f)=\int_0^{2\pi}\int_0^1 R_n(r)\mathrm{e}^{-jm\theta}f(r,\theta)r\mathrm{d}r\mathrm{d}\theta \qquad (4\text{-}68)$$

其中，矩的阶数 $n=0,1,2,\cdots$，重复度 $m=0,\pm1,\pm2,\cdots$，$R_n(r)$ 为径向基函数，可表示为

$$R_\mathrm{n}(r)=\frac{J_v(\lambda_n r)}{\sqrt{2\pi a_n}} \qquad (4\text{-}69)$$

式中，$J_v(x)$ 为 v 阶第一类 Bessel 函数，λ_n 是 $J_v(x)$ 的 n 级零点，$a_n=[J_{v+1}(\lambda_n)]^2/2$ 为归一化常量。$J_v(x)$ 可定义为

$$J_v(x)=\sum_{k=0}^{\infty}\frac{(-1)^k}{k!\ \Gamma(v+k+1)}\left(\frac{x}{2}\right)^{v+2k} \qquad (4\text{-}70)$$

这里，$J_v(x)$ 满足如下正交性质

$$\int_0^1 J_v(\lambda_n r)J_v(\lambda_k r)r\mathrm{d}r=a_n\delta_{nk} \qquad (4\text{-}71)$$

式中，δ_{nk} 表示 Kronecker（克罗内克）符号。根据 $J_v(x)$ 的正交性，原始图像可以通过 Bessel-Fourier 矩来重建，重建后的图像 $\overline{f}(r,\theta)$ 可以表示为

$$\overline{f}(r,\theta)=\sum_{n=0}^{n\max}\sum_{m=0}^{m\max}B_{nm}R_n(r)\exp(jm\theta) \qquad (4\text{-}72)$$

4.5.2　分数阶 Bessel-Fourier 矩的构造

根据式（4-68）可以知道，传统 Bessel-Fourier 矩的阶数为整数。根据 Xiao

等[146]提出的径向基函数分数化方法,可以对径向基函数中的变量 r 取分数次幂得到其分数化形式,于是可以得到 Bessel-Fourier 矩的径向基函数的分数化形式,表示为

$$R_{ns}(r) = \frac{J_v(\lambda_n r^s) r^{s-1} \sqrt{s}}{\sqrt{2\pi a_n}} \tag{4-73}$$

其中 s 为实数,且 $s>0$。根据式(4-70)和式(4-71),$R_{ns}(r)$ 满足如下正交性:

$$\int_0^1 R_{ns}(r) R_{ks}(r) \mathrm{d}r = \int_0^1 J_v(\lambda_n r^s) J_v(\lambda_k r^s) r^{2s-2} sr \mathrm{d}r$$

$$= \int_0^1 J_v(\lambda_n r^s) J_v(\lambda_k r^s) r^s \mathrm{d}r^s \tag{4-74}$$

$$= \frac{1}{2\pi} \delta_{nk}$$

所以可以将式(4-73)中分数化的径向基函数作为分数阶 Bessel-Fourier 矩的径向基,定义分数阶 Bessel-Fourier 矩(Fractional Bessel-Fourier Moment, FrBFM)为

$$B_{n,m,s}(f) = \int_0^{2\pi} \int_0^1 R_{ns}(r) f(r,\theta) \mathrm{e}^{-jm\theta} r \mathrm{d}r \mathrm{d}\theta \tag{4-75}$$

通过式(4-74)分数阶 Bessel-Fourier 矩的径向基函数的正交性可知,如果用分数阶 Bessel-Fourier 矩来重建原始图像,假设 $\overline{f}(r,\theta)$ 为重建的图像,则重建的图像可以表示为

$$\overline{f}(r,\theta) = \sum_{n=0}^{n\max} \sum_{m=0}^{m\max} B_{n,m,s} R_{n,s}(r) \exp(jm\theta) \tag{4-76}$$

根据式(4-75),当 $s=1$ 时,分数阶 Bessel-Fourier 矩退化传统的 Bessel-Fourier 矩。通过调节 s,定义了不同的径向基函数,所以不同阶数下的分数阶 Bessel-Fourier 矩可以具有不同的图像描述能力,这有区别于传统矩。图 4-2 给出了分数阶 Bessel-Fourier 矩的径向基函数 $R_{n,s}(r)$ 在 $s=1,1.2,1.6,2.0$ 下随 r 的变化曲线。从图 4-2 可知:(1)随着 s 的增加,$R_{n,s}(r)$ 的零点逐渐向 1 靠近;(2)当 $s<0$ 时,$R_{n,s}(r)$ 在趋近于 0 处的值较大;(3)通过调节 s,$R_{n,s}(r)$ 各阶多项式的最大值的绝对值也会随着变化。

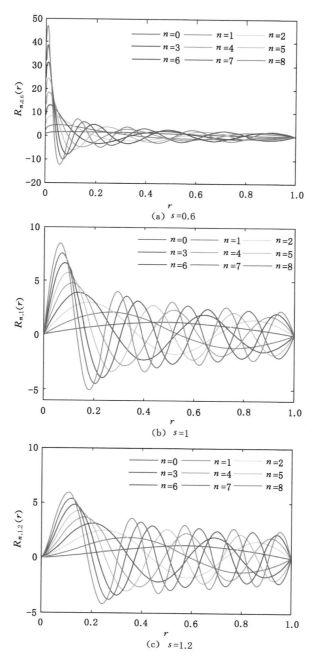

图 4-2　不同分数阶数下 $R_{n,s}(r)$ 随 r 的变化曲线

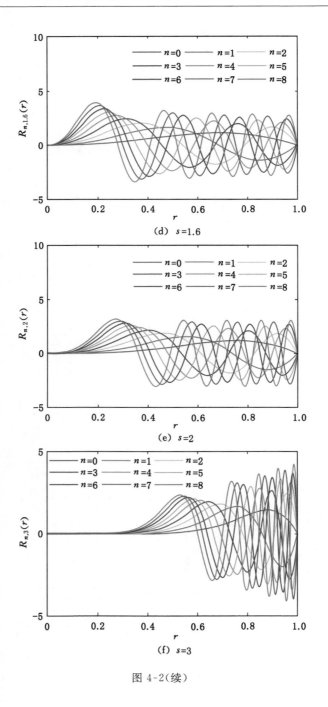

(d) $s=1.6$

(e) $s=2$

(f) $s=3$

图 4-2(续)

4.5.3　分数阶 Bessel-Fourier 矩的旋转,缩放不变量

假设 $f'(r,\theta)$ 为图像 $f(r,\theta)$ 旋转了 φ 角度后获得的图像,且 $f'(r,\theta)=f(r,\theta+\varphi)$,则图像 $f'(r,\theta)$ 的分数阶 Bessel-Fourier 矩为

$$
\begin{aligned}
B_{n,m,s}(f') &= \int_0^{2\pi}\int_0^1 R_{ns}(r)f'(r,\theta)\mathrm{e}^{-\mathrm{j}m\theta}r\mathrm{d}r\mathrm{d}\theta \\
&= \int_0^{2\pi}\int_0^1 R_{ns}(r)f(r,\theta+\varphi)\mathrm{e}^{-\mathrm{j}m\theta}r\mathrm{d}r\mathrm{d}\theta
\end{aligned}
\tag{4-77}
$$

通过积分的变量替换方法,设 $\theta'=\theta+\varphi$,式(4-77)可以表示为

$$
\begin{aligned}
B_{n,m,s}(f') &= \mathrm{e}^{-\mathrm{j}m\varphi}\int_0^{2\pi}\int_0^1 R_{ns}(r)f(r,\theta')\mathrm{e}^{-\mathrm{j}m(\theta'+\varphi)}r\mathrm{d}r\mathrm{d}\theta \\
&= \mathrm{e}^{\mathrm{j}m\varphi}B_{n,m,s}(f)
\end{aligned}
\tag{4-78}
$$

因此可以得到下面等式:

$$
\mid B_{n,m,s}(f')\mid = \mid B_{n,m,s}(f)\mid
\tag{4-79}
$$

式中 $|\cdot|$ 表示求分数阶 Bessel-Fourier 矩幅值的运算。根据式(4-79)可以看出分数阶 Bessel-Fourier 矩幅值具有旋转不变性。

另外,在矩的计算中,如果图像缩放前后的坐标区域包含相同的图像内容,则分数阶 Bessel-Fourier 矩的幅值具有缩放不变性。实验中,我们采取如下映射方法将直角坐标系下的离散图像 $f(k,l)$,$(k,l=0,1,\cdots,N-1)$ 映射到径向坐标 (r,θ)

$$
r=\sqrt{x_k^2+y_l^2},\theta=\arctan(y_l/x_k)
\tag{4-80}
$$

其中

$$
x_k=\frac{k-N/2}{N/\sqrt{2}}\cdot\frac{l-N/2}{N/\sqrt{2}}
\tag{4-81}
$$

4.5.4　基于分数阶 Bessel-Fourier 矩不变量的应用简介

从 4.5.2 可知,由于分数阶 Bessel-Fourier 矩具有一个可调节的分数阶阶数,从而表现出有别于传统形式的描述图像的能力[36]。作为一种极坐标下的连续矩变换,可以应用于图像特征提取、图像重建、模式识别等领域。这里,我们简单介绍分数阶 Bessel-Fourier 矩不变量用于提取图像的特征,用来构造能够抵抗图像几何攻击(如平移、旋转、缩放等)的图像水印算法。结合后面介绍的三元数、四元数,它可以扩展到处理彩色图像的水印算法。我们介绍一类基于分数阶 Bessel-Fourier 矩不变量的图像零水印算法,通过结合四元数理论或者三元数理论,可以扩展到更一般的矩变换不变量和处理彩色图像的四元数矩变换不变量。

图 4-3 和图 4-4 直观地给出了水印算法的流程图。零水印的构造和零水印的验证的具体介绍如下。

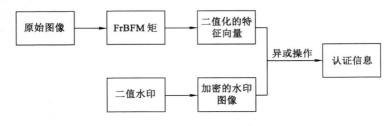

图 4-3　零水印构造的流程

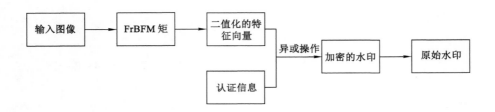

图 4-4　零水印验证的流程

4.5.4.1　零水印的构造

假设待认证的灰度图像 A 大小为 $N \times N$，水印 W 为 $S \times S$ 大小的 0-1 矩阵（随机矩阵或者有意义的二值图像）。为了保证水印的安全性，预先将水印 W 进行加密处理，得到 W_1。这里我们选取常用的 Arnold 映射来进行加密。通过构造零水印，我们将得到一组关联原始图像和 W_1 的特征，称之为校验特征，并加盖时间戳后储存于认证机构。零水印的构造过程如下（图 4-3）：

（1）计算图像 A 的分数阶 Bessel-Fourier 矩。假设矩的最大阶数为 $n_{\max}$，重复度为 $l_{\max}$，则通过如下形式将矩的缩放旋转不变量组合成向量 q

$$q = (\mid B_{0,0,s} \mid, \mid B_{1,0,s} \mid, \mid B_{0,1,s} \mid, \mid B_{2,0,s} \mid, \mid B_{2,1,s} \mid, \cdots, \mid B_{n_{\max},l_{\max},s} \mid)$$

(4-82)

比如，选取 $n_{\max}$ 为 8，得到 q 的长度为 45。

（2）将 q 进行二值化处理，得到向量 F，其元素 F_i 可表示为

$$F_i = \begin{cases} 0, q_i \geqslant T \\ 1, q_i < T \end{cases}$$

(4-83)

其中 T 为二值化处理的阈值，可以选取向量 q 的中值作为阈值。

（3）将得到的二值化序列 F 进行扩展并重排列,得到与水印同样大小的 $S \times S$ 矩阵 G。

（4）为了保证水印算法的安全性,将 G 进行置乱为 M。实验中我们选取了 Chaotic 映射,其初始值可以当作密钥 K。

（5）对水印进行加密,对 M 和水印 W_1 执行异或（XOR）操作,生成认证信息 O。

4.5.4.2　零水印的验证

假设认证机构收到用户待认证的图像 A^*,用户提交密钥 K 后,认证机构用图像 A^* 按照零水印构造中的步骤（1）～步骤（4）生成置乱后的图像特征 M^*。然后 M^* 与存储的 O 进行异或逻辑操作得到水印用于认证。具体步骤如下（图 4-4）:

（1）计算 A^* 的分数阶 Bessel-Fourier 矩,用其 n_{max} 矩阶数,l_{max} 重复度构造特征向量 q^*

$$q^* = (\mid B_{0,0,s} \mid, \mid B_{1,0,s} \mid, \mid B_{0,1,s} \mid, \mid B_{2,0,s} \mid, \mid B_{2,1,s} \mid, \cdots, \mid B_{n_{max}, l_{max}, s} \mid) \tag{4-84}$$

（2）对 q^* 按照零水印构造过程中的步骤（2）～步骤（4）进行二值化处理,并将得到的二值化序列扩展后重排列得到 $S \times S$ 矩阵,然后对矩阵进行置乱处理得到 M^*。

（3）认证机构提供认证信息 O,然后将 O 与 M^* 进行异或得到 W_1^*。

最后对 W_1^* 进行 Arnold 逆映射得到水印图像,用于图像的认证。

4.5.4.3　零水印实验

这里,考虑了水印的几何攻击和常见的信号处理攻击与集合攻击的组合,包括:图像旋转,图像缩放,图像旋转＋缩放,图像平移,图像裁剪,图像旋转＋缩放＋中值滤波,图像旋转＋缩放＋均值滤波,图像旋转＋缩放＋椒盐噪声,图像旋转＋缩放＋高斯白噪声,图像旋转＋缩放＋JPEG 压缩。

以"Barbara"原始图像和"Deer"水印组合为例,图 4-5 给出了对图像进行各种攻击后提取的水印效果。

图 4-6 给出了多幅受水印保护的图像在各种攻击后提取水印 BER 的平均值。可以看出:在各种攻击下,基于 FrBFM 的算法在 FrBFM 分数阶阶数 s ＝ 2.2,2.4,2.6 时水印对常见信号处理攻击的鲁棒性要好于传统的 BFM 算法;由

于 FrBFM 和 BFM 都可以构造图像的旋转和缩放不变性,所以在只有几何攻击的情况下,FrBFM 和 BFM 具有相似的鲁棒性,差别不是很大,并且 BER 均接近于 0。进一步证实,在适当选取分数阶数时,可以提高 FrBFM 对图像的描述能力,获取更加鲁棒的图像特征。

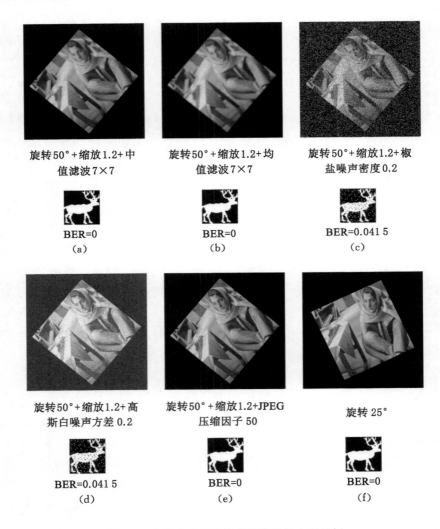

图 4-5　水印攻击后的图像及提取的水印示例

(Barbara 原始图像,Deer 水印,$s=2.4$)

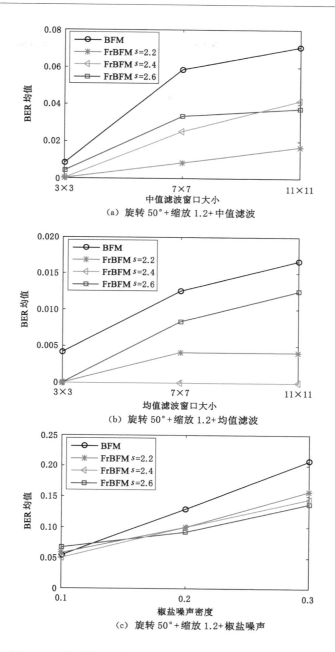

（a）旋转 50°+缩放 1.2+中值滤波

（b）旋转 50°+缩放 1.2+均值滤波

（c）旋转 50°+缩放 1.2+椒盐噪声

图 4-6   各种攻击下不同阶数的 FrBFM 水印算法鲁棒性比较

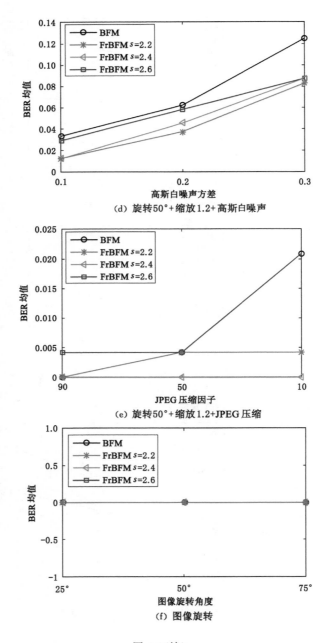

(d) 旋转50°+缩放1.2+高斯白噪声

(e) 旋转50°+缩放1.2+JPEG压缩

(f) 图像旋转

图 4-6(续)

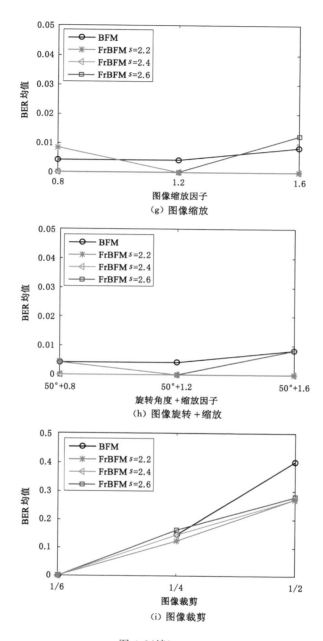

（g）图像缩放

（h）图像旋转＋缩放

（i）图像裁剪

图 4-6（续）

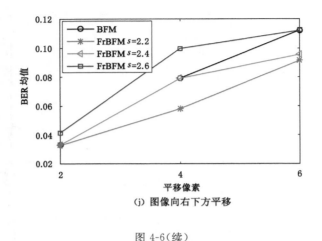

（j）图像向右下方平移

图 4-6（续）

4.6　本章小结

　　本章介绍了几类传统的复数变换的定义，包括离散分数阶 Fourier 变换、Krawtchouk 变换、分数阶 Krawtchouk 变换、分数阶 Bessel-Fourier 矩变换和 Gyrator 变换，为后续各类四元数变换的构造做准备。详细介绍了笔者在分数阶 Krawtchouk 变换、分数阶 Bessel-Fourier 矩变换方面的研究工作，包括其构造过程和主要性质。后续章节会进一步给出作者将分数阶 Krawtchouk 变换结合四元数理论扩展到四元数分数阶 Krawtchouk 变换的方法及其在彩色图像水印和加密中的应用。另外，分数阶 Bessel-Fourier 矩变换作为一类径向矩变换，通过改变分数阶阶数，它的径向核函数可以侧重于描述图像的某些区域，从而具有可调节地图像描述的能力。通过推导分数阶 Bessel-Fourier 矩及其旋转缩放不变量，我们构造了一类基于图像几何不变的特征的零水印算法。该类算法可以有效地抵抗水印图像几何攻击，具有较强的抗常见信号攻击及图像几何攻击的能力。结合四元数理论，分数阶 Bessel-Fourier 矩同样可以扩展到四元数域，用于构造彩色图像的几何不变量，读者可以进一步参考文献[60-65]。

第 5 章　三元数变换及其应用

　　目前,数字图像水印作为保护数字图像版权的有效方法之一,已经有了大量的研究成果[147-150]。现阶段大部分水印算法都是针对灰度图像[151-157],然而,在实际生活应用中,彩色图像中含有丰富的色彩信息,在印刷、影像、广告、影视、数字娱乐等领域的应用日益广泛。所以研究彩色图像的水印算法也越来越受到学者的关注。为了利用已有灰度图像的水印算法,可以在彩色图像的亮度通道嵌入水印或者在彩色图像的红、绿、蓝三个通道单独地嵌入水印[158-161]。然而,对于色彩,其三个通道之间是有相关性的,显然上面提到的彩色图像水印方法没有充分考虑图像三个通道之间的联系[162-163]。

　　为了考虑彩色图像的三个通道之间的相关性,四元数被用来表示彩色图像。四元数由 Hamilton 等在 1843 年提出[164],作为复数的推广,四元数含有一个实部和三个虚部。通常将彩色图像的红、绿、蓝三个通道作为四元数的三个虚部进行表示[165],那么对彩色图像的处理便可以表示为四元数的运算。很多传统的变换域已经被推广到四元数变换域,如四元数 Fourier 变换[166],四元数离散Fourier 变换[167],四元数小波变换[168],四元数矩变换等[169]。基于各种四元数变换,可以设计彩色图像的各类水印算法[170-174]。一般来讲,鲁棒的四元数变换域算法需要修改变换域系数来嵌入水印[175-178]。因为四元数具有四个通道,对图像进行四元数变换后对系数进行任意扰动,之后再反变换得到受保护的载体图像。那么在反变换后得到的四元数图像有四个通道,载体图像位于反变换后四元数域的三个虚部。水印算法一方面可以保留反变换后的实部用于水印提取,但此时会增加额外的存储空间,一般不采取这种方式;另一方面,如果舍去反变换后的实部信息,也可以提取出水印信息,但是水印的鲁棒性较低。江淑红等[179]注意到了四元数变换中存在的问题,针对四元数 Fourier 变换,提出了对变换域系数进行对称扰动来解决。Chen 等[180]进一步对这种对称约束进行研究,给出了四元数 Fourier 变换取任意的单位纯虚数后的对称约束准则。以上两种四元数 Fourier 变换域的水印算法对水印的几何攻击并不鲁棒,Wang 等[181]结合最小二乘支持向量机(Least Squares Support Vector Machines,LS-SVM)给出了对彩色图像进行几何校正的方法,并结合四元数 Fourier 变换设计了抗几何攻击的水印算法。

目前,已经有研究提出了三元数的概念[181-184],并将传统的 Fourier 变换,小波变换推广到了三元数 Fourier 变换,三元数小波变换[185-186]。三元数有一个实部,两个虚部,所以可以用三元数表示彩色图像,对彩色图像三元数域处理也不会出现信息冗余。因此本书研究了三元数 Fourier 变换域的彩色图像水印算法。与四元数 Fourier 变换域水印算法相比,对三元数 Fourier 变换系数进行修改嵌入水印时不需要考虑对称约束,也避免了对修改后的系数进行反变换获得载体图像时存在的能量损失的问题。下面首先介绍了三元数 Fourier 变换;然后给出了离散三元数 Fourier 变换、离散三元数余弦变换的定义及相对应的计算方法;最后设计了离散三元数 Fourier 变换域的彩色图像鲁棒性盲水印算法、三元数离散余弦变换域的彩色图像加密算法,并进行了实验验证。

5.1 三元数 Fourier 变换

假设 $h(x,y)$ 为三元数函数,则 $h(x,y)$ 的三元数 Fourier 变换 $H(u,v)$ 表示为[111]:

$$H(u,v)=\int_{-\infty}^{\infty}\int_{-\infty}^{\infty}h(x,y)(\cos(2\pi(ux+vy))-\mu_1\sin(2\pi(ux+vy)))\mathrm{d}x\mathrm{d}y$$

$$(5\text{-}1)$$

其中,$\boldsymbol{\mu}_1=(\mathrm{i}-\mathrm{j})/\sqrt{2}$ 为纯单位三元数。由于三元数的逆并没有被定义,所以在以上定义中,并没有将变换的核函数表示为类似于 *Fourier* 变换的复指数形式。而且,对于其逆变换的核函数,也不能简单地通过类似于 *Fourier* 变换的复指数的逆得到。为了解决这一问题,需要在其逆变换引入单位纯三元数,则三元数的 Fourier 逆变换表示为:

$$h(x,y)=\int_{-\infty}^{\infty}\int_{-\infty}^{\infty}H(u,v)(\cos(2\pi(ux+vy))-\mu_2\sin(2\pi(ux+vy)))\mathrm{d}u\mathrm{d}v$$

$$(5\text{-}2)$$

其中,三元数 $\boldsymbol{\mu}_2$ 需要满足 $\boldsymbol{\mu}_1\boldsymbol{\mu}_2=-1$。

5.2 三元数离散 Fourier 变换

在上节三元数 Fourier 变换的基础上，本章对其定义中的 $\boldsymbol{\mu}_1$，$\boldsymbol{\mu}_2$ 给出了更一般化的表示形式，并给出了离散三元数 Fourier 变换及其逆变换的定义。

定义 5.1 假设 $f(m,n)$ 是大小为 $M \times N$ 的二维离散三元数函数，则其离散三元数 Fourier 变换（Discrete Trinion Fourier Transform，DTFT）可表示为

$$T(u,v) = \sum_{m=0}^{M-1} \sum_{n=0}^{N-1} f(m,n)\left(\cos\left(2\pi\left(\frac{um}{M} + \frac{vn}{N}\right)\right) - \boldsymbol{\mu}_1\sin\left(2\pi\left(\frac{um}{M} + \frac{vn}{N}\right)\right)\right)$$

$$(5\text{-}3)$$

这里，我们将单位三元数 $\boldsymbol{\mu}_1$ 表示为 $\boldsymbol{\mu}_1 = i\cos\theta + j\sin\theta$，$(\theta \in [0, 2\pi]$。当 $\theta = 7\pi/4$ 时，式（5-3）对应于文献[111]中定义的三元数 Fourier 变换的离散形式。

定理 5.1 如果存在 $\boldsymbol{\mu}_2$ 且满足 $\boldsymbol{\mu}_1\boldsymbol{\mu}_2 = -1$，则离散三元数 Fourier 变换是可逆的，且其逆变换可表示为

$$f(m,n) = \frac{1}{MN} \sum_{u=0}^{M-1} \sum_{v=0}^{N-1} T(u,v)\left(\cos\left(2\pi\left(\frac{um}{M} + \frac{vn}{N}\right)\right) + \boldsymbol{\mu}_2\sin\left(2\pi\left(\frac{um}{M} + \frac{vn}{N}\right)\right)\right)$$

$$(5\text{-}4)$$

定理 5.1 的证明请见附录 B。

因为 $\boldsymbol{\mu}_1 = i\cos\theta + j\sin\theta$，$(\theta \in [0, 2\pi]$，根据定理 5.1，如果逆变换成立，则需要找到 $\boldsymbol{\mu}_2$ 满足 $\boldsymbol{\mu}_1\boldsymbol{\mu}_2 = -1$。通过代数计算，我们得到如下 $\boldsymbol{\mu}_2$ 的表达形式

$$\boldsymbol{\mu}_2 = \frac{\sin\theta\cos\theta}{\cos^3\theta - \sin^3\theta} - i\frac{\sin^2\theta}{\cos^3\theta - \sin^3\theta} + j\frac{\cos^2\theta}{\cos^3\theta - \sin^3\theta}, \theta \neq \pi/4, 5\pi/4$$

$$(5\text{-}5)$$

从式（5-5）可知，当 $\theta = \pi/4, 5\pi/4$ 时，没有找到 $\boldsymbol{\mu}_2$ 满足 $\boldsymbol{\mu}_1\boldsymbol{\mu}_2 = -1$，所以为了保证 DTFT 逆变换的存在，本书中考虑的取值范围为 $\{\theta | \theta \in [0, 2\pi], 且 \theta \neq \pi/4, \pi/5\}$。

下面考虑三元数 Fourier 变换及其逆变换的计算。假设 $f(m,n) = f_0(m, n) + if_1(m,n) + jf_2(m,n)$ 为离散三元数函数，根据式（5-6），$f(m,n)$ 的三元数 Fourier 变换为

$$T(u,v) = \sum_{m=0}^{M-1} \sum_{n=0}^{N-1} f(m,n)\left(\cos\left(2\pi\left(\frac{um}{M} + \frac{vn}{N}\right)\right) - \boldsymbol{\mu}_1\sin\left(2\pi\left(\frac{um}{M} + \frac{vn}{N}\right)\right)\right)$$

$$= \sum_{m=0}^{M-1} \sum_{n=0}^{N-1} (f_R(m,n) + \mathrm{i}f_G(m,n) + \mathrm{j}f_B(m,n))(\cos(2\pi(\frac{um}{M} + \frac{vn}{N}))$$

$$- \boldsymbol{\mu}_1 \sin(2\pi(\frac{um}{M} + \frac{vn}{N})))$$

$$= \sum_{m=0}^{M-1} \sum_{n=0}^{N-1} f_R(m,n)(\cos(2\pi(\frac{um}{M} + \frac{vn}{N})) - \boldsymbol{\mu}_1 \sin(2\pi(\frac{um}{M} + \frac{vn}{N})))$$

$$+ \sum_{m=0}^{M-1} \sum_{n=0}^{N-1} \mathrm{i}f_G(m,n)(\cos(2\pi(\frac{um}{M} + \frac{vn}{N})) - \boldsymbol{\mu}_1 \sin(2\pi(\frac{um}{M} + \frac{vn}{N})))$$

$$+ \sum_{m=0}^{M-1} \sum_{n=0}^{N-1} \mathrm{j}f_B(m,n)(\cos(2\pi(\frac{um}{M} + \frac{vn}{N})) - \boldsymbol{\mu}_1 \sin(2\pi(\frac{um}{M} + \frac{vn}{N})))$$

$$= \mathrm{real}(\mathrm{DFT}(f_R)) + \boldsymbol{\mu}_1 \mathrm{imag}(\mathrm{DFT}(f_R))$$

$$+ \mathrm{ireal}(\mathrm{DFT}(f_G)) + \mathrm{i}\mu_{11} \mathrm{imag}(\mathrm{DFT}(f_G))$$

$$+ \mathrm{jreal}(\mathrm{DFT}(f_B)) + \mathrm{j}\mu_{11} \mathrm{imag}(\mathrm{DFT}(f_B))$$

$$= \mathrm{real}(\mathrm{DFT}(f_R)) - \mathrm{imag}(\mathrm{DFT}(f_G))\sin\theta - \mathrm{imag}(\mathrm{DFT}(f_B))\cos\theta$$

$$+ \mathrm{i}[\mathrm{imag}(\mathrm{DFT}(f_R))\cos\theta + \mathrm{real}(\mathrm{DFT}(f_G)) - \mathrm{imag}(\mathrm{DFT}(f_B))\sin\theta]$$

$$+ \mathrm{j}[\mathrm{imag}(\mathrm{DFT}(f_R))\sin\theta + \mathrm{imag}(\mathrm{DFT}(f_G))\cos\theta + \mathrm{real}(\mathrm{DFT}(f_B))]$$

$$(5\text{-}6)$$

这里,DFT($\cdot$)表示传统的离散 Fourier 变换,real($\cdot$)和 imag($\cdot$)分别表示复数的实部和虚部。类似地,IDFT 可表示为

$$f(m,n) = \frac{1}{MN} \sum_{u=0}^{M-1} \sum_{v=0}^{N-1} T(u,v)(\cos(2\pi(\frac{um}{M} + \frac{vn}{N})) + \boldsymbol{\mu}_2 \sin(2\pi(\frac{um}{M} + \frac{vn}{N})))$$

$$= \frac{1}{MN} \sum_{u=0}^{M-1} \sum_{v=0}^{N-1} (T_0 + \mathrm{i}T_1 + \mathrm{j}T_2)(\cos(2\pi(\frac{um}{M} + \frac{vn}{N}))$$

$$+ \boldsymbol{\mu}_2 \sin(2\pi(\frac{um}{M} + \frac{vn}{N})))$$

$$= \mathrm{real}(\mathrm{IDFT}(T_0)) + \boldsymbol{\mu}_2 \mathrm{imag}(\mathrm{IDFT}(T_0))$$

$$+ \mathrm{ireal}(\mathrm{IDFT}(T_1)) + \mathrm{i}\boldsymbol{\mu}_2 \mathrm{imag}(\mathrm{IDFT}(T_1))$$

$$+ \mathrm{jreal}(\mathrm{IDFT}(T_2)) + \mathrm{j}\boldsymbol{\mu}_2 \mathrm{imag}(\mathrm{IDFT}(T_2))$$

$$= \mathrm{real}(\mathrm{IDFT}(T_0)) + A \cdot \mathrm{imag}(\mathrm{IDFT}(T_0))$$

$$- C \cdot \mathrm{imag}(\mathrm{IDFT}(T_1)) - B \cdot \mathrm{imag}(\mathrm{IDFT}(T_2))$$

$$\mathrm{i}[\mathrm{imag}(\mathrm{IDFT}(T_1)) + B \cdot \mathrm{real}(\mathrm{IDFT}(T_0))$$

$$+ A \cdot \mathrm{imag}(\mathrm{IDFT}(T_1)) - C \cdot \mathrm{imag}(\mathrm{IDFT}(T_2))]$$

$$j[\mathrm{imag}(\mathrm{IDFT}(T_2)) + C \cdot \mathrm{imag}(\mathrm{IDFT}(T_0))$$
$$+ B \cdot \mathrm{real}(\mathrm{IDFT}(T_1)) + A \cdot \mathrm{imag}(\mathrm{IDFT}(T_2))] \tag{5-7}$$

其中 IDFT(•),表示传统离散 Fourier 变换逆变换,并且 $A = \dfrac{\sin\theta\cos\theta}{\cos^3\theta - \sin^3\theta}$,

$B = \dfrac{\sin^2\theta}{\cos^3\theta - \sin^3\theta}$,$C = \dfrac{\cos^2\theta}{\cos^3\theta - \sin^3\theta}$。

　　从式(5-6)和式(5-7)可知,三元数离散 Fourier 变换及其逆变换可以通过三元数三个通道上的 Fourier 变换及其逆变换在来实现。这样,传统 Fourier 变换的一些成熟的快速算法也可以应用到三元数 Fourier 变换的计算中。

5.3　三元数离散余弦变换

　　采用三元数矩阵对彩色图像进行编码,将彩色图像的三个颜色分量分别作为三元数矩阵的实部和两个虚部,即:

$$f_t(x,y) = f_R(x,y) + if_G(x,y) + jf_B(x,y) \tag{5-8}$$

　　对任何三元数矩阵 $f_t(x,y)$,尺寸为 $M \times N$,定义三元数离散余弦变换(Trinion Discrete Cosine Transform,TDCT):

$$T_\theta(u,v) = C(u)C(v)\sum_{x=0}^{M-1}\sum_{y=0}^{N-1}\mu_{1,\theta}f_t(x,y)\cos\left[\frac{(2x+1)u\pi}{2M}\right]\cos\left[\frac{(2y+1)v\pi}{2N}\right] \tag{5-9}$$

其中 $\mu_{1,\theta} = i\cos\theta + j\sin\theta(\theta \in [0,2\pi])$ 表示一个纯三元数。系数 $C(u),C(v)$ 表示为

$$C(u) = \begin{cases} \sqrt{\dfrac{1}{M}}, & u = 0 \\ \sqrt{\dfrac{1}{M}}, & u \neq 0 \end{cases} \tag{5-10}$$

$$C(v) = \begin{cases} \sqrt{\dfrac{1}{N}}, & v = 0 \\ \sqrt{\dfrac{1}{N}}, & v \neq 0 \end{cases} \tag{5-11}$$

　　相应的,三元数离散余弦逆变换(Inverse Trinion Discrete Cosine Transform,ITDCT)为:

$$f(x,y) = C(u)C(v) \sum_{u=0}^{M-1} \sum_{v=0}^{N-1} (-\mu_{2,\theta}) T_\theta(u,v) \cos\left[\frac{(2x+1)u\pi}{2M}\right] \sin\left[\frac{(2y+1)v\pi}{2N}\right]$$

$$(5\text{-}12)$$

其中 $\mu_{2,\theta}$ 是一个三元数且满足 $\mu_{1,\theta}\mu_{2,\theta} = -1$。为了使三元数离散余弦变换可逆，$\theta \neq \pi/4$ 且 $\theta \neq 5\pi/4$。

根据三元数的算数规则，公式(5-9)可改写为：

$$T_\theta(u,v)$$

$$= C(u)C(v) \sum_{x=0}^{M-1} \sum_{y=0}^{N-1} \mu_{1,\theta} \left[f_r(x,y) + \mathrm{i}f_g(x,y) + \mathrm{j}f_b(x,y)\right]$$

$$\cdot \cos\left[\frac{(2x+1)u\pi}{2M}\right] \cos\left[\frac{(2y+1)v\pi}{2N}\right]$$

$$= \mu_{1,\theta}\mathrm{DCT}\left[f_r(x,y)\right] + \mu_{1,\theta} \cdot \mathrm{i} \cdot \mathrm{DCT}\left[f_g(x,y)\right] + \mu_{1,\theta} \cdot \mathrm{j} \cdot \mathrm{DCT}\left[f_b(x,y)\right]$$

$$= (\mathrm{i}\cos\theta + \mathrm{j}\sin\theta) \cdot \mathrm{DCT}\left[f_r(x,y)\right] + (\mathrm{i}\cos\theta + \mathrm{j}\sin\theta) \cdot \mathrm{i} \cdot \mathrm{DCT}\left[f_b(x,y)\right]$$

$$= -\{\sin\theta \cdot \mathrm{DCT}\left[f_g(x,y)\right] + \cos\theta \cdot \mathrm{DCT}\left[f_b(x,y)\right]\}$$

$$+ \mathrm{i}\{\cos\theta \cdot \mathrm{DCT}\left[f_r(x,y)\right] - \sin\theta \cdot \mathrm{DCT}\left[f_b(x,y)\right]\}$$

$$+ \mathrm{j}\{\sin\theta \cdot \mathrm{DCT}\left[f_r(x,y)\right] + \cos\theta \cdot \mathrm{DCT}\left[f_g(x,y)\right]\}$$

$$(5\text{-}13)$$

其中 $\mathrm{DCT}[\cdot]$ 表示传统的离散余弦变换，由上式可知，可以采用传统的单通道离散余弦变换来实现三元数离散余弦变换的快速计算。

假设 $\mu_{2,\theta} = t_1 + \mathrm{i} \cdot t_2 + \mathrm{j} \cdot t_3$，$T_\theta(u,v) = T_1(u,v) + \mathrm{i} \cdot T_2(u,v) + \mathrm{j} \cdot T_3(u,v)$，公式(5-12)可以写为：

$$f(x,y) = C(u)C(v) \sum_{u=0}^{M-1} \sum_{v=0}^{N-1} (-\mu_{2,\theta}) \cdot \left[T_1(u,v) + \mathrm{i} \cdot T_2(u,v) + \mathrm{j} \cdot T_3(u,v)\right]$$

$$\cdot \cos\left[\frac{(2x+1)u\pi}{2M}\right] \cos\left[\frac{(2y+1)v\pi}{2N}\right]$$

$$= -\mu_{2,\theta} \cdot \mathrm{IDCT}\left[T_1(u,v)\right] - \mu_{2,\theta} \cdot \mathrm{i} \cdot \mathrm{iDCT}\left[T_2(u,v)\right] - \mu_{2,\theta} \cdot \mathrm{j} \cdot \mathrm{IDCT}\left[T_3(u,v)\right]$$

$$= -(t_1 + \mathrm{i} \cdot t_2 + \mathrm{j} \cdot t_3) \cdot \mathrm{IDCT}\left[T_1(u,v)\right] + (t_3 - \mathrm{i} \cdot t_1 - \mathrm{j} \cdot t_2) \cdot \mathrm{IDCT}\left[T_2(u,v)\right]$$

$$- \{t_1 \cdot \mathrm{IDCT}\left[T_1(u,v)\right] + t_3 \cdot \mathrm{IDCT}\left[T_2(u,v)\right] + t_2 \cdot \mathrm{IDCT}\left[T_3(u,v)\right]\}$$

$$+ \mathrm{i}\{-t_2 \cdot \mathrm{IDCT}\left[T_1(u,v)\right] - t_1 \cdot \mathrm{IDCT}\left[T_2(u,v)\right] + t_3 \cdot \mathrm{IDCT}\left[T_3(u,v)\right]\}$$

$$+ \mathrm{j}\{-t_3 \cdot \mathrm{IDCT}\left[T_1(u,v)\right] - t_2 \cdot \mathrm{IDCT}\left[T_2(u,v)\right] - t_1 \cdot \mathrm{IDCT}\left[T_3(u,v)\right]\}$$

$$(5\text{-}14)$$

其中 $\mathrm{IDCT}[\cdot]$ 表示为传统离散余弦逆变换。

5.4　基于三元数离散 Fourier 变换的彩色图像水印算法

如果将一幅 RGB 彩色图像的三个通道分别作为三元数的一个实部和两个虚部,则在三元数的图像表示中考虑了三个通道的整体性和相关性,且不存在图像信息冗余。假设一幅 $M \times N$ 大小的彩色图像 I 三个通道分别为 $I_R(x,y)$,$I_G(x,y)$,$I_B(x,y)$,则该彩色图像可以表示为三元数 $I(x,y)=I_R(x,y)+iI_G(x,y)+jI_B(x,y)$。假设待嵌入水印 W 为 $N \times N$ 大小的二值图像,本节介绍 DTFT 域基于 DC-QIM 量化[187]的水印算法。图 5-1 和图 5-2 分别直观地给出了水印嵌入和提取的过程。

5.4.1　水印的嵌入算法

在将水印嵌入图像前,为了保证水印算法的安全性,同时提高算法对裁剪攻击的鲁棒性,我们将 $N \times N$ 原始水印图像 W 进行置乱处理。这里选取常见的 Arnold 映射将原始水印加密为 W_0。假设 (x,y) 为原始图像的某一像素位置,则置乱后的位置 (x^*,y^*) 可表示为

$$\begin{bmatrix} x^* \\ y^* \end{bmatrix} = \left[\begin{bmatrix} a & b \\ c & d \end{bmatrix} \begin{bmatrix} x \\ y \end{bmatrix} + \begin{bmatrix} s \\ t \end{bmatrix} \right] \mathrm{mod}(N) \tag{5-15}$$

其中,a,b,c,d,e,f 为置乱参数,需满足如下条件

$$\begin{vmatrix} a & b \\ c & d \end{vmatrix} = 1 \tag{5-16}$$

本书中,我们选取 $a=1,b=1,c=1,d=2,s=0,t=0$。然后,加密的水印 W_0 嵌入原始图像的具体步骤如下:

(1) 将原始图像 I 分为 8×8 大小的独立的子像素块。

(2) 对每个子像素块进行 DTFT 变换,得到变换域三元数矩阵 $T=T_0+iT_1+jT_2$。

(3) 通过 DC-QIM 方法修改每块 (k,l) 位置处的 DTFT 变换系数 $T_0(k,l)$,从而在每个位置处嵌入 1 比特的水印信息。修改后的 DTFT 变换系数 $T_0^*(k,l)$ 可表示为

$$T_0^*(k,l)=T_0(k,l)+\alpha(Q_\delta T_0(k,l)) \tag{5-17}$$

其中,α 为扭曲补偿参数,Q_δ 为量化函数

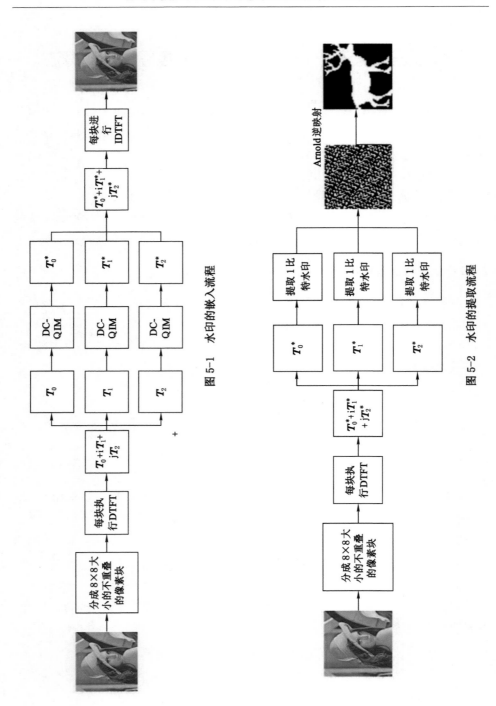

图 5-1　水印的嵌入流程

图 5-2　水印的提取流程

$$Q_\delta = \begin{cases} \delta \times \text{round}\left(\dfrac{T_0(k,l)-\delta/4}{\delta}\right)+\dfrac{\delta}{4}, & W_0(i,j)=1 \\[3mm] \delta \times \text{round}\left(\dfrac{T_0(k,l)+\delta/4}{\delta}\right)-\dfrac{\delta}{4}, & W_0(i,j)=0 \end{cases} \quad (5\text{-}18)$$

式中,δ 为量化步长,控制水印嵌入的强度。值得注意的是,如果水印容量足够大,我们可以同样将 T_1 和 T_2 中的系数进行修改来嵌入水印。

（4）执行步骤 2 和步骤 3 直到所有的水印比特都嵌入完成。

（5）对修改后的每块的变换系数进行 TDFT 逆变换,得到加水印的图像块。最终得到嵌入水印的图像。

5.4.2　水印的提取算法

在提取过程中,需要知道 Arnold 变换的参数,分块大小,嵌入位置这些信息。然后,水印的提取算法如下:

（1）将输入图像 I^* 表示为三元数矩阵,并将其分为 8×8 大小的独立的子像素块。

（2）对每块进行 DTFT 变换。以一个子像素块为例,假设其变换域为 $T_0^* +iT_1^* +jT_2^*$,则可以按以下方法从 $T_0^*(k,l)$ 处提取 1 比特水印信息:

$$W_0^*(i,j) = \begin{cases} 1, & T_0^*(k,l)-\delta \times \text{round}\left(\dfrac{T_0^*(k,l)-\delta/4}{\delta}\right) > 0 \\[3mm] 0, & T_0^*(k,l)-\delta \times \text{round}\left(\dfrac{T_0^*(k,l)+\delta/4}{\delta}\right) \leqslant 0 \end{cases} \quad (5\text{-}19)$$

类似地,也可以按照上面方法从 $T_1^*(k,l)$ 和 $T_2^*(k,l)$ 中提取水印。

（3）重复步骤（2）直到提取所有水印信息 W_0^*。

（4）对 W_0^* 进行 Arnold 逆映射,得到提取的水印 W^*。最终,通过提取的水印 W^* 可判定输入图像是否受到保护。

5.4.3　算法中 DTFT 变换参数 θ 的选取

由 5.3 节可知,为了保证逆变换的存在,θ 应该选取 $\{\theta|\theta\in[0,2\pi]$,且 $\theta\neq\pi/4,\pi/5\}$。考虑到彩色图像三个通道之间的相关性,本节我们将进一步选取合适的 θ 的选取范围。以 $\theta=\pi$ 为例,假定原始彩色图像像素块 $f=f_R+if_G+jf_B$,然后对其 TDFT 变换域 $T=T_0+iT_1+jT_2$ 中 T_0 系数进行修改得到 T_0^*（记扰动量 $\Delta T=T_0^*-T_0$）,最终得到的加水印图像块 $f^*=f_R^*+if_G^*+jf_B^*$。根据式（5-13）式（5-14）,图像的扰动量 f^*-f,记为 Δf,可表示为

$$\Delta f = \text{real}(\text{IDFT}(\Delta T_0)) + j[C \cdot \text{imag}(\text{IDFT}(\Delta T_0))] \qquad (5\text{-}20)$$

注意,因为 θ 选取为 π,所以 (5-14) 中 A,B 为 0;另一方面,因为只扰动了 T_0,所以在计算 Δf 时,$\Delta T_1 = 0$,$\Delta T_2 = 0$;从而计算得到式 (5-20)。从公式 (5-20) 可知,此时水印后的图像,只有红色和蓝色通道嵌入了水印信息,绿色通道并没有嵌入水印信息。并且,用水印后的像素块 $f^* = f_R^* + i f_G^* + j f_B^*$ 提取水印时,

$$T_0^* = \text{real}(DFT(f_R^*)) - \text{imag}(DFT(f_G^*))\cos\theta \qquad (5\text{-}21)$$

综合式 (5-20) 和式 (5-21) 可知,在水印的嵌入和提取中,彩色图像的绿色通道均没有被使用。然而,彩色图像水印算法中考虑三个通道之前的相关性是很有必要的。所以,$\theta = \pi$ 不能用于水印算法中。考虑到以上情况,最终我们选取的适合水印的 θ 的取值为 $\{\theta | \theta \in [0, 2\pi], 且 \theta \neq \pi/4, \pi/5, \pi/2, \pi\}$。

5.4.4 实验结果与分析

为了评价文中水印算法的性能,实验中选取了 Granada 大学图像库中的 60 幅 512×512 大小彩色图像作为原始图像[188],选取了 MPEG7 数据库中 64×64 大小的 "Deer" 和 "Cup" 二值图像作为水印,部分原始图像及水印图像请见图 5-3。因为修改 Fourier 变换低频系数对图像空间域退化较严重,并且高频系数容易受噪声和图像压缩的影响[189-190],而 TDFT 可以通过组合彩色图像三个通道的 Fourier 变换来实现,所以本书中选取修改 TDFT 变换域的中频系数来嵌入水印。将 Fourier 变换的中心平移到中心后,本书中选取的修改系数位置见图 5-4。本书中我们在选取的每个图像块的变换域系数中重复地嵌入水印比特,采取这种冗余嵌入的方式是可以提高水印的鲁棒性。此外,为了比较算法的性能,书中算法与常用的彩色图像四元数离散 Fourier 变换(Quaternion Discrete Fourier Transform,QDFT)变换域的水印算法[180]进行了比较。比较中,QDFT 采用了同样的 DC-QIM 量化方法,并且 QDFT 变换中纯四元数 $\boldsymbol{\mu}$ 选取了 $\boldsymbol{\mu} = \boldsymbol{\mu}_{\text{Perc}}$ 和 $\boldsymbol{\mu} = \boldsymbol{\mu}_{\text{Lum}}$,这里 $\boldsymbol{\mu}_{\text{Perc}} = (-2j + 8k)/\sqrt{68}$,$\boldsymbol{\mu}_{\text{Lum}} = (i + j + k)/\sqrt{3}$。为了客观地评价水印不可见性,选取了 PSNR(Peak Signal-to-Noise Ratio)。此外,我们选取了 BER(Bit Error Rate)来定量地评价算法的鲁棒性。

5.4.4.1 水印容量分析

以 8×8 的彩色图像块为例,如果量化 DTFT 变换域三个通道的所有系数,最大的水印嵌入容量为 192 比特。对于 QDFT 变换域的水印算法,因为 QDFT 域含有一个实部,三个虚部,为了满足不存在水印信息丢失的情况,QDFT 变换

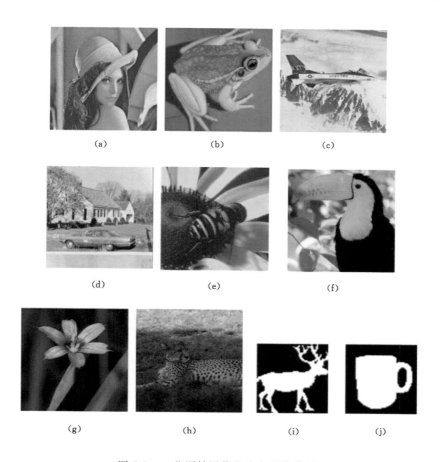

(a)　　　　　　(b)　　　　　　(c)

(d)　　　　　　(e)　　　　　　(f)

(g)　　　　　　(h)　　　　　　(i)　　　　　(j)

图 5-3　一些原始图像和水印图像实例

域系数必须满足一定的约束条件。如果 QDFT 中 $\mu=\mu_{\text{Perc}}$，只有实部和 i 虚部可以修改，并且实部需要满足反对称的约束，此时最大的水印嵌入容量为 98 比特；如果 $\mu=\mu_{\text{Lum}}$，只可以通过反对称的约束修改实部，此时最大的水印嵌入容量为 32 比特。因为三元数只有三个通道，所以不需要考虑在修改变换系数时产生的信息丢失。相比而言，DTFT 具有较大的嵌入容量。

5.4.4.2　水印不可见性分析

在本算法中，水印的不可见性依赖于扭曲步长参数 α，量化步长 δ 和 TDFT 中的 θ 参数。一般来讲，量化步长越大，水印的鲁棒性越好；但是较大的量化步长会导致水印图像质量的退化。根据实验，首先我们选取

· 61 ·

列数 行数	1	2	3	4	5	6	7	8
1	1	9	17	25	33	41	49	57
2	2	10	18	26	34	42	50	58
3	3	11	19	27	35	43	51	59
4	4	12	20	28	36	44	52	60
5	5	13	21	29	37	45	53	61
6	6	14	22	30	38	46	54	62
7	7	15	23	31	39	47	55	63
8	8	16	24	32	40	48	56	64

图 5-4　8×8 像素块的变换域中,嵌入水印流程中的选取系数(表示为灰色块)

$\delta=700$,然后分析 α 和 θ 对水印不可见性的影响。图 5-5 显示了在固定 $\theta=0.75\pi$ 时,不同 α 对加水印图像 PSNR 的影响。图 5-6 显示了在固定 $\alpha=0.6$ 时,不同的 θ 对加水印图像 PSNR 的影响。从图 5-5 中可以看出,随着 α 的增加,PSNR 减少。而且,选取 $\boldsymbol{\mu}_{Perc}$ 的 QDFT 水印算法和本书中算法具有较高的 PSNR 值。这是因为选取 $\boldsymbol{\mu}_{Perc}$ 的 QDFT 水印算法需要对称地修改更多数量的变换域系数来保证不丢失水印信息。另外,从图 5-6 中可以看出,除了 $\theta=0.2\pi,0.3\pi,1.2\pi,1.3\pi$ 对应的 PSNR 比较低,其他 θ 下对应的 PSNR 都近似为41 dB。这与在水印重建中依赖于 θ 的 A,B,C 的值有关。

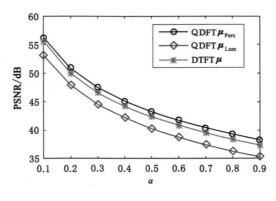

图 5-5　平均 PSNR 值随 α 的变化

因为算法中只修改了三元数变换域的实部,假定每个像素块 DTFT 系数扰动量一样的情况下(假设为 ω),水印图像的 PSNR 值实际上是关于 $\Delta = A^2 + B^2 + C^2$ 的一个函数。在这种情况下,令 P 为图像的 PSNR 值,则对于 $M \times N \times 3$ 大小的图像,

$$P = 10\log\left(\frac{3MN\,255^2}{\omega^2\Delta}\right) \tag{5-22}$$

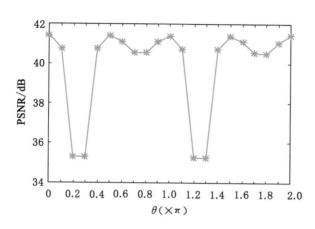

图 5-6　平均 PSNR 值随 DTFT 中 θ 的变化

如果将式(5-22)看作 P 关于 Δ 的函数曲线,可以看出,ω 的作用只是将曲线进行 P 方向的平移。取 $\omega=1$,图 5-7 给出了 P 随 θ 的变化曲线(因为 Δ 依赖于 θ)。比较图 5-6 和图 5-7 可以看出曲线有相同的变换形状,也就解释了为什么实验中 θ 在 0.2π,0.3π,1.2π,1.3π 时比较 PSNR 比较小。

5.4.4.3　水印鲁棒性分析

根据以上水印的不可见性分析,我们选取 $\alpha=0.6$,$\delta=700$,此时所有测试图像的平均 PSNR 值近似为 40 dB,然后分析本书中算法不同 θ 下水印的抗攻击能力。为了客观地与 QDFT 变换域水印算法相比较,在 QDFT 中,当 $\boldsymbol{\mu}=\boldsymbol{\mu}_{\text{Perc}}$ 时,选取了 $\alpha=0.6$,$\delta=700$;当 $\boldsymbol{\mu}=\boldsymbol{\mu}_{\text{Lum}}$ 时,选取了 $\alpha=0.6$,$\delta=500$。此时基于 QDFT 算法的加水印图像的平均 PSNR 值也近似为 40 dB。将"Deer"水印嵌入每幅图像,然后加水印的图像经过各种水印攻击,包括图像滤波、加噪声、JPEG 压缩、图像旋转和图像缩放等,详细地攻击参数见表 5-1。对于几何攻击,我们首先进行了几何扭曲,然后进行校正来得到攻击后的图像[180]。

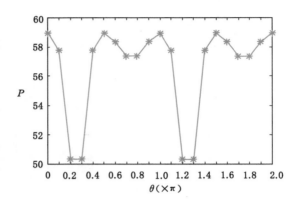

图 5-7 P 随 DTFT 中 θ 的变化

图 5-8 给出了每种攻击下,测试图像平均的 BER 随着 θ 的变化。从图中可以看出,θ 取 0.8π 和 1.7π 时,对中值滤波、均值滤波、高斯模糊、图像旋转和缩放都具有较好的表现。

表 5-1   实验中的水印攻击类型及其参数

攻击类型	参数
中值滤波	滤波窗口大小:$3\times3,5\times5,7\times7$
均值滤波	滤波窗口大小:$3\times3,5\times5,7\times7$
椒盐噪声	噪声密度:$0.005,0.01,0.015$
高斯白噪声	噪声方差:$0.002,0.004,0.006$
JPEG 图像压缩	质量因子:$90,80,70$
图像旋转	旋转角度:$25°,50°,75°$
图像缩放	缩放因子:$0.9,1.1,1.3$
高斯模糊	偏差:$0.5,1,1.5$

根据以上实验,我们选取 $\theta = 1.7\pi$,然后将"Deer"和"Cup"水印分别嵌入每幅测试图像,得到 120 个测试组合。每个测试组合下得到的水印图像分别进行表 5-1 中的各种水印攻击,然后计算提取水印的 BER 值。图 5-9 给出了所有测试组合在各种攻击下的平均的 BER 值。此外,表 5-2 给出了 Lena 图像和

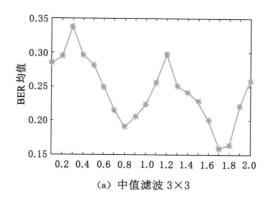

（a）中值滤波 3×3

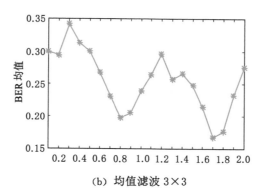

（b）均值滤波 3×3

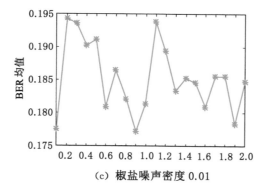

（c）椒盐噪声密度 0.01

图 5-8　各种攻击下，BER 均值随 DTFT 中参数 θ 的变化

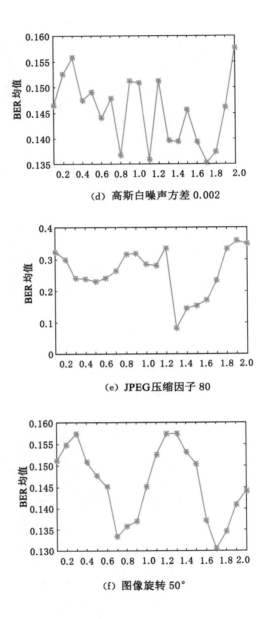

(d) 高斯白噪声方差 0.002

(e) JPEG 压缩因子 80

(f) 图像旋转 50°

图 5-8(续)

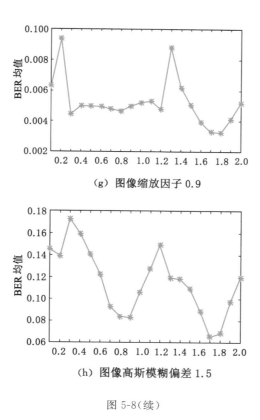

（g）图像缩放因子 0.9

（h）图像高斯模糊偏差 1.5

图 5-8（续）

"Deer"水印组合在各种攻击后提取的水印。从表 5-2 和图 5-9 可知,本书算法在多数攻击下,具有较好的抗水印攻击能力。

表 5-2　不同攻击下提取水印的一些示例

	QDFT $\pmb{\mu}_{Perc}$	QDFT $\pmb{\mu}_{Lum}$	TDFT
无水印攻击			
BER	0	0	0
中值滤波 5×5			
BER	0.243 2	0.302 0	0.159 2

表 5-2(续)

	QDFT μ_{Perc}	QDFT μ_{Lum}	TDFT
均值滤波 5×5			
BER	0.261 7	0.327 6	0.166 8
椒盐噪声密度 0.01			
	0.183 4	0.195 6	0.188 0
高斯白噪声方差 0.004			
BER	0.254 6	0.251 7	0.241 2
JPEG 压缩质量因子 70			
	0.171 6	0.034 7	0.283 2
图像旋转 50°			
BER	0.154 1	0.172 1	0.130 4
图像缩放尺度因子 1.1			
	0.083 3	0.127 4	0.053 5
高斯模糊偏差 1.5			
BER	0.227 1	0.285 6	0.126 5

5.4.4.4　计算复杂性分析

考虑 $N \times N$ 大小的彩色图像的 DTFT 计算,如果已经得到彩色图像每个通道的 Fourier 变换,从式(5-9)可知,我们需要 $6N^2$ 个乘法和 $6N^2$ 个加法来得到 DTFT 系数。相比而言,对于 QDFT 的计算,在同样的情况下,如果取 μ_{Perc},则需要 $6N^2$ 个乘法和 $5N^2$ 个加法;如果取 μ_{Lum},则需要 $9N^2$ 个乘法和 $8N^2$ 个加法。因此,DTFT 的计算量要少于选取 μ_{Lum} 的 QDFT 的计算量,并且接近选取 μ_{Perc} 的 QDFT 的计算量。

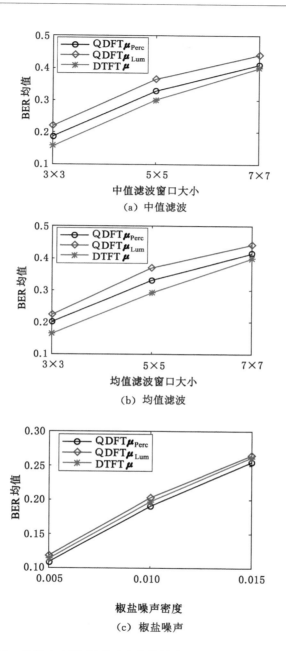

图 5-9　各种攻击下,随着攻击参数的变化,BER 平均值的变化

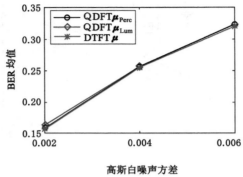

（d）高斯白噪声

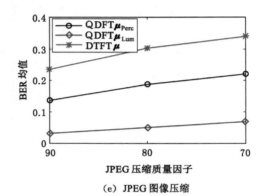

（e）JPEG 图像压缩

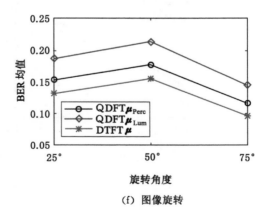

（f）图像旋转

图 5-9（续）

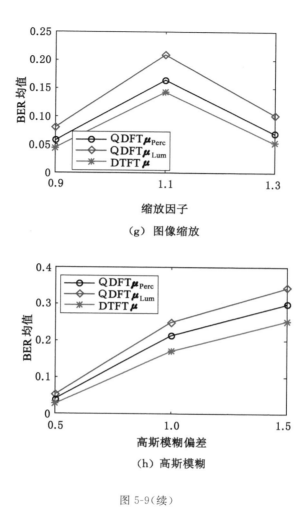

（g）图像缩放

（h）高斯模糊

图 5-9（续）

5.5　基于三元数离散余弦变换的彩色图像加密算法

5.5.1　量子混沌映射

量子混沌映射（Quantum Logistic Map，QLM）[191]可描述为：

$$\begin{cases} x_{n+1} = r(x_n - \mid x_n \mid^2 - y_n) \\ y_{n+1} = -y_n e^{-2\beta} + e^{-\beta} r \left[(2 - x_n - x_n^*) y_n - x_n z_n^* - x_n^* z_n \right] \quad (5\text{-}23) \\ z_{n+1} = -z_n e^{-2\beta} + e^{-\beta} r \left[2(1 - x_n^*) z_n - 2x_n y_n - x_n \right] \end{cases}$$

其中 r, β 分别为控制参数和损耗参数，(x_n, y_n, z_n) 为系统状态，"*"表示共轭运算。

当系统参数和状态值设置为 $r \in (3.74, 4.00)$，$\beta \geqslant 3.5$，$x \in (0,1)$，$y \in (0, 0.246\ 1)$，$z \in (0, 0.246\ 1)$ 时，系统处于混沌状态。与 logistic 映射相比，QLM 在末端有一个扰动修饰符，因此生成的序列具有更强的非周期性和伪随机性。该算法具有自然并行性、结构简单、容量大等优点，保证了该密码系统具有较高的安全性。

5.5.2 彩色图像加密解密过程

假设明文图像 $f(x, y)$ 大小为 $M \times N$ 的 RGB 彩色图像。具体加密过程如下：

(1) 使用 SHA-256 计算明文图像 $f(x, y)$ 的数字字符串 $\boldsymbol{K}$，并将其分为

$$\boldsymbol{K} = \{k_i\}; i = 1, 2, \cdots, 32 \quad (5\text{-}24)$$

然后计算 (x_0, y_0, z_0) 三个值：

$$\begin{cases} x_0 = \mathrm{mod} \left(\dfrac{1}{k_1 \oplus k_2 \oplus \cdots \oplus k_{11}} + \dfrac{\sum\limits_{i=1}^{11} k_i}{256}, 1 \right) \\ \\ y_0 = \dfrac{1}{32} \mathrm{mod} \left(\dfrac{1}{k_{12} \oplus k_{13} \oplus \cdots \oplus k_{22}} + \dfrac{\sum\limits_{i=12}^{22} k_i}{256}, 1 \right) \quad (5\text{-}25) \\ \\ z_0 = \dfrac{1}{32} \mathrm{mod} \left(\dfrac{1}{k_{23} \oplus k_{24} \oplus \cdots \oplus k_{32}} + \dfrac{\sum\limits_{i=23}^{32} k_i}{256}, 1 \right) \end{cases}$$

将以上三个值作为量子混沌映射的初始值，经过多次迭代，得到长度为 L 的序列 $(\boldsymbol{X}, \boldsymbol{Y}, \boldsymbol{Z})$，

$$L = \max(m_1 n_1, MN/m_1 n_1, m_2 n_2, m_3 n_3) \quad (5\text{-}26)$$

其中 $\max(\cdot)$ 表示取最大值，$\{m_1, n_1, m_2, n_2, m_3, n_3\}$ 是正整数，用于克罗内克乘积。前两个整数用于构造新的更大的矩阵，其他的用于构造新的序列。

（2）将 $f(x,y)$ 的三个彩色通道作为三元数矩阵的三部分，用式（5-8）和式（5-9）将 $f(x,y)$ 编码并进行三元数离散余弦变换得到矩阵 $\boldsymbol{T}_\theta(u,v)$，然后构建复数矩阵 $\{\boldsymbol{C}_1,\boldsymbol{C}_2,\boldsymbol{C}_3\}$：

$$\begin{bmatrix} \boldsymbol{C}_1(u,v) \\ \boldsymbol{C}_2(u,v) \\ \boldsymbol{C}_3(u,v) \end{bmatrix} = \begin{bmatrix} s(\boldsymbol{T}_\theta(u,v)) & x(\boldsymbol{T}_\theta(u,v)) & y(\boldsymbol{T}_\theta(u,v)) \\ x(\boldsymbol{T}_\theta(u,v)) & y(\boldsymbol{T}_\theta(u,v)) & s(\boldsymbol{T}_\theta(u,v)) \end{bmatrix}^{\mathrm{T}} \begin{bmatrix} 1 \\ j \end{bmatrix}$$

$$(5\text{-}27)$$

其中 $s(\cdot),x(\cdot),y(\cdot)$ 表示依次提取实部和虚部。

（3）取 $\boldsymbol{X}$ 的前 $m_1 n_1$ 个值作为 $\boldsymbol{S}_1$，取 $\boldsymbol{Y}$ 的前 $MN/m_1 n_1$ 个值作为 $\boldsymbol{S}_2$，然后将其转换为 $\{\boldsymbol{S}_1',\boldsymbol{S}_2'\}$，

$$\boldsymbol{S}_1' = \frac{\mathrm{mod}(\lfloor \boldsymbol{S}_1 \times 10^8 \rfloor, 256)}{255}; l = 1,2 \tag{5-28}$$

然后将 $\boldsymbol{S}_1'$ 和 $\boldsymbol{S}_2'$ 重构成 $(\boldsymbol{S}_1'')_{m_1 \times n_1}$，$(\boldsymbol{S}_2'')_{\frac{M}{m_1} \times \frac{N}{n_1}}$，并进行克罗内克积运算得到一个相位掩码 $(\boldsymbol{P})_{M \times N}$，

$$(\boldsymbol{P})_{M \times N} = \exp(\mathrm{j}2\pi \cdot (\boldsymbol{S}_1'' \otimes \boldsymbol{S}_2'')) \tag{5-29}$$

相位掩码由克罗内克积构成，在选择小矩阵时具有多样性。这将有助于提高密码系统的安全性。利用相位掩码将复数矩阵 $\{\boldsymbol{C}_1,\boldsymbol{C}_2,\boldsymbol{C}_3\}$ 调制为

$$(\boldsymbol{M}_1,\boldsymbol{M}_2,\boldsymbol{M}_3)^{\mathrm{T}} = (\boldsymbol{C}_1,\boldsymbol{C}_2,\boldsymbol{C}_3)^{\mathrm{T}} \cdot \boldsymbol{P} \tag{5-30}$$

（4）分别对 $\boldsymbol{M}_1$ 和它的共轭 $\boldsymbol{M}_1^*$ 进行 $(M+1) \times (N+1)$ 大小的离散 Fourier 变换得到频谱 $\boldsymbol{F}_{11}$ 和 $\boldsymbol{F}_{12}$。然后可以构建满足对称性的合成频谱 $\boldsymbol{G}_1$，

$$\boldsymbol{G}_1 = (\boldsymbol{F}_{11} + \boldsymbol{F}_{12})^{\mathrm{U}} + (\boldsymbol{F}_{11} - \boldsymbol{F}_{12})^{\mathrm{L}} \tag{5-31}$$

上标 $\{\mathrm{U},\mathrm{L}\}$ 分别表示上三角函数和下三角函数。

对 $\{\boldsymbol{M}_2,\boldsymbol{M}_3\}$ 进行同样的操作得到两个合成频谱 $\{\boldsymbol{G}_2,\boldsymbol{G}_3\}$。图 5-10 为合成频谱的说明。

（5）对合成频谱 $\{\boldsymbol{G}_1,\boldsymbol{G}_2,\boldsymbol{G}_3\}$ 分别进行相位和幅值截断得到 $\{\boldsymbol{A}_1,\boldsymbol{A}_2,\boldsymbol{A}_3\}$ 和 $\{\boldsymbol{P}_1,\boldsymbol{P}_2,\boldsymbol{P}_3\}$，通过对 $\{\boldsymbol{A}_1,\boldsymbol{A}_2,\boldsymbol{A}_3\}$ 进行行列补零得到尺寸为 $(M+2) \times (N+2)$ 的 $\{\boldsymbol{A}_{11},\boldsymbol{A}_{12},\boldsymbol{A}_{13}\}$。

选取 $\boldsymbol{Y}$ 的前 $m_2 n_2$ 个值作为 $\boldsymbol{S}_3$，取 $\boldsymbol{Z}$ 的前 $m_3 n_3$ 个值作为 $\boldsymbol{S}_4$，由克罗内克积和模运算生成一个新的序列 $\boldsymbol{S}$，

$$\boldsymbol{S} = \mathrm{mod}(\lfloor (\boldsymbol{S}_3 \otimes \boldsymbol{S}_4) \times 10^5 \rfloor, 64) + s_0 \tag{5-32}$$

将 $\boldsymbol{S}$ 作为变步长，对矩阵 $\{\boldsymbol{A}_{11},\boldsymbol{A}_{12},\boldsymbol{A}_{13}\}$ 进行 Josephus 遍历，得到 $\{\boldsymbol{A}_1',\boldsymbol{A}_2',\boldsymbol{A}_3'\}$。

（6）将置乱的幅值矩阵合并成一个三元数矩阵，然后进行三元数离散余弦

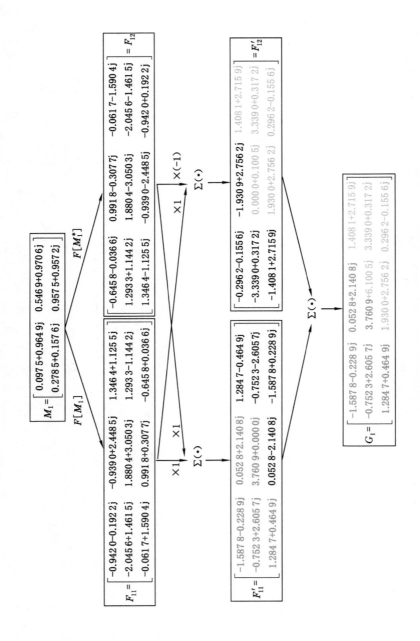

图 5-10 合成频谱的说明（$F[\cdot]$ 表示二维离散 Fourier 变换）

逆变换,得到中间结果 $\boldsymbol{E}_\theta'(k',l')$。提取 $\boldsymbol{E}_\theta'(k',l')$ 的三部分并拼接作为最后的密文图像,

$$E(k',l')=\{s(\boldsymbol{E}_\theta'(k',l')),x(\boldsymbol{E}_\theta'(k',l')),y(\boldsymbol{E}_\theta'(k',l'))\} \quad (5\text{-}33)$$

需要注意的是参数 $\{\gamma,\beta,x_0,y_0,z_0;\theta;m_1,n_1,m_2,n_2,m_3,n_3\}$ 和相位 $\{\boldsymbol{P}_1,\boldsymbol{P}_2,\boldsymbol{P}_3\}$ 为正确恢复原始彩色图像的必要密钥。采用克罗内克积构造掩模时,矩阵的大小是多样的。将其与量子混沌映射和变步长 Josephus 遍历一起,增强了密码系统的安全性。

解密过程与上述加密过程相反。解密步骤详细过程如下:

(1) 通过将 $\{E_1(k',l'),E_2(k',l'),E_3(k',l')\}$ 三通道编码成一个三元数矩阵 $\boldsymbol{E}(k',l')$,即

$$\hat{\boldsymbol{E}}_\theta'(k',l')=E_1(k',l')+\mathrm{i}\cdot E_1(k',l')+\mathrm{j}\cdot E_1(k',l') \quad (5\text{-}34)$$

然后进行三元数离散余弦变换,得到中间矩阵 $\hat{\boldsymbol{E}}_\theta''(k',l')$,再分别提取实部和虚部得到 $\{\hat{\boldsymbol{A}}_1',\hat{\boldsymbol{A}}_2',\hat{\boldsymbol{A}}_3'\}$,即

$$\begin{cases} \hat{\boldsymbol{A}}_1'=s(\hat{\boldsymbol{E}}_\theta'') \\ \hat{\boldsymbol{A}}_2'=x(\hat{\boldsymbol{E}}_\theta'') \\ \hat{\boldsymbol{A}}_3'=y(\hat{\boldsymbol{E}}_\theta'') \end{cases} \quad (5\text{-}35)$$

(2) 对 $\{\hat{\boldsymbol{A}}_1',\hat{\boldsymbol{A}}_2',\hat{\boldsymbol{A}}_3'\}$ 进行 Josephus 逆置乱得到矩阵 $\{\hat{\boldsymbol{A}}_{11},\hat{\boldsymbol{A}}_{12},\hat{\boldsymbol{A}}_{13}\}$。通过截断运算,得到幅值矩阵 $\{\hat{\boldsymbol{A}}_1,\hat{\boldsymbol{A}}_2,\hat{\boldsymbol{A}}_3\}$。再结合密钥 $\{\boldsymbol{P}_1,\boldsymbol{P}_2,\boldsymbol{P}_3\}$,得到复数值矩阵 $\{\hat{\boldsymbol{G}}_1,\hat{\boldsymbol{G}}_2,\hat{\boldsymbol{G}}_3\}$,即

$$\hat{\boldsymbol{G}}_d=\hat{\boldsymbol{A}}_d\exp(\mathrm{j}\boldsymbol{P}_d);d=1,2,3 \quad (5\text{-}36)$$

然后分别被分成左上三角矩阵 $\{\hat{\boldsymbol{G}}_{11},\hat{\boldsymbol{G}}_{21},\hat{\boldsymbol{G}}_{31}\}$ 和右下三角矩阵 $\{\hat{\boldsymbol{G}}_{12},\hat{\boldsymbol{G}}_{22},\hat{\boldsymbol{G}}_{32}\}$。需要注意的是,前者包含原点的实部,而后者是包含原点的虚部。

(3) 根据虚部和实部的共轭对称性,矩阵 $\{\hat{\boldsymbol{F}}_{11}',\hat{\boldsymbol{F}}_{21}',\hat{\boldsymbol{F}}_{31}'\}$ 和 $\{\hat{\boldsymbol{F}}_{12}',\hat{\boldsymbol{F}}_{22}',\hat{\boldsymbol{F}}_{32}'\}$ 分别被重构为:

$$\begin{cases} \hat{\boldsymbol{F}}_{d1}'=\hat{\boldsymbol{G}}_{d1}+\{\hat{\boldsymbol{G}}i*_{d1}\}_{\updownarrow}^{\leftrightarrow} \\ \hat{\boldsymbol{F}}_{d2}'=\hat{\boldsymbol{G}}_{d2}+\{-\hat{\boldsymbol{G}}i*_{d2}\}_{\updownarrow}^{\leftrightarrow} \end{cases};d=1,2,3 \quad (5\text{-}37)$$

其中 $\leftrightarrow$ 和 $\updownarrow$ 分别表示水平和垂直翻转。

(4) 然后频谱矩阵 $\{\hat{\boldsymbol{F}}_{c1},\hat{\boldsymbol{F}}_{c2}\}$ 可计算为:

$$\begin{bmatrix} \hat{\boldsymbol{F}}_{d1} \\ \hat{\boldsymbol{F}}_{d2} \end{bmatrix}=\begin{bmatrix} 0.5 & 0.5 \\ 0.5 & -0.5 \end{bmatrix}\begin{bmatrix} \hat{\boldsymbol{F}}_{d1}' \\ \hat{\boldsymbol{F}}_{d2}' \end{bmatrix};d=1,2,3 \quad (5\text{-}38)$$

然后得到 $\{\hat{\boldsymbol{M}}_1, \hat{\boldsymbol{M}}_2, \hat{\boldsymbol{M}}_3\}$，即

$$\hat{\boldsymbol{M}}_d = \frac{F^{-1}[\hat{\boldsymbol{F}}_{d1}] + \{F^{-1}[\hat{\boldsymbol{F}}_{d2}]\}^*}{2}; d = 1, 2, 3 \tag{5-39}$$

其中 $F^{-1}[\cdot]$ 表示二维离散 Fourier 逆变换。

（5）通过 $\boldsymbol{P}^*$ 进行调制，矩阵 $\{\hat{\boldsymbol{C}}_1, \hat{\boldsymbol{C}}_2, \hat{\boldsymbol{C}}_3\}$ 计算为：

$$\hat{\boldsymbol{C}}_d = \hat{\boldsymbol{M}}_d \boldsymbol{P}^*; d = 1, 2, 3 \tag{5-40}$$

矩阵 $\{\hat{\boldsymbol{C}}_1, \hat{\boldsymbol{C}}_2, \hat{\boldsymbol{C}}_3\}$ 的实部和虚部的平均值为：

$$\begin{bmatrix} \hat{\boldsymbol{T}}_1 \\ \hat{\boldsymbol{T}}_2 \\ \hat{\boldsymbol{T}}_3 \end{bmatrix} = \begin{bmatrix} \mathrm{Re}(\hat{C}_1) & \mathrm{Re}(\hat{C}_2) & \mathrm{Re}(\hat{C}_3) \\ \mathrm{Im}(\hat{C}_3) & \mathrm{Im}(\hat{C}_1) & \mathrm{Im}(\hat{C}_2) \end{bmatrix}^{\mathrm{T}} \begin{bmatrix} 0.5 \\ 0.5 \end{bmatrix} \tag{5-41}$$

其中 $\mathrm{Re}(\cdot)$、$\mathrm{Im}(\cdot)$ 表示提取复数的实部和虚部。

（6）将 $\{\hat{\boldsymbol{T}}_1, \hat{\boldsymbol{T}}_2, \hat{\boldsymbol{T}}_3\}$ 表示为一个三元数矩阵，进行三元数离散余弦逆变换得到 $\hat{f}_t(X, Y)$，因此解密后的彩色图像可以写为：

$$\hat{f}(x, y) = [s(\hat{f}_t(x, y)), x(\hat{f}_t(x, y)), y(\hat{f}_t(x, y))] \tag{5-42}$$

5.5.3 实验结果与分析

在本节中，进行数值模拟用来评价所提彩色图像加密算法的有效性和可行性。实验使用 100 张彩色图像，从 UGR[188] 和 GSCHI[192] 数据集中随机选取，尺寸调整为 256×256。图 5-11 为其中 6 幅测试图像，表 5-3 列出了本章算法的参数值。

(a)　　　　　　　　(b)　　　　　　　　(c)

图 5-11　测试图像

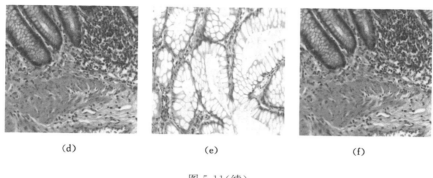

（d）　　　　　　　　　　（e）　　　　　　　　　　（f）

图 5-11（续）

表 5-3　实验使用的参数值

参数			值
QLM	(r,β)		$r=3.9;\beta=4.5$
	(x_0,y_0,z_0)	图 5-11(a)	$(0.368\ 2,0.002\ 8,0.009\ 8)$
		图 5-11(b)	$(0.258\ 5,0.001\ 5,0.014\ 2)$
		图 5-11(c)	$(0.728\ 3,0.010\ 4,0.030\ 6)$
		图 5-11(d)	$(0.149\ 8,0.007\ 5,0.022\ 1)$
		图 5-11(e)	$(0.510\ 8,0.013\ 1,0.026\ 5)$
		图 5-11(f)	$(0.030\ 8,0.028\ 9,0.007\ 5)$
TDCT	$\mu_{1,\theta}$		0.19π
$(m_1,n_1,m_2,n_2,m_3,n_3)$			$(32,32,4,4,8,8)$
s_0			1

5.5.3.1　加密解密结果

首先进行实验来直观地评估该算法的可行性。以图 5-11(a)为例,加密过程如图 5-12 所示。加密结果如图 5-13(a)~(f)所示,可以观察到密文图像中没有任何可读和可以理解的内容。此外,图 5-13(g)~(1)所示的解密图像在视觉上与图 5-11 中的明文图像相同。

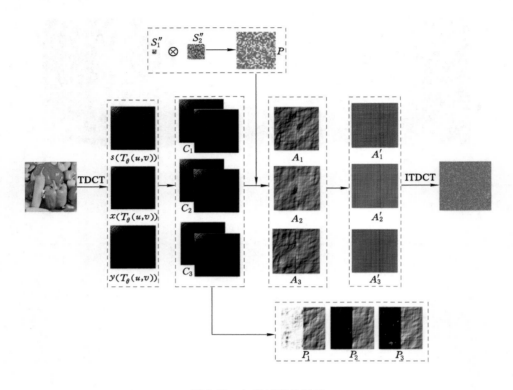

图 5-12　加密过程的图示

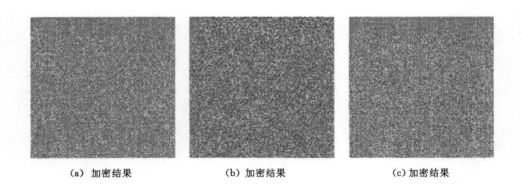

（a）加密结果　　　　　　（b）加密结果　　　　　　（c）加密结果

图 5-13　加密和正确解密的结果

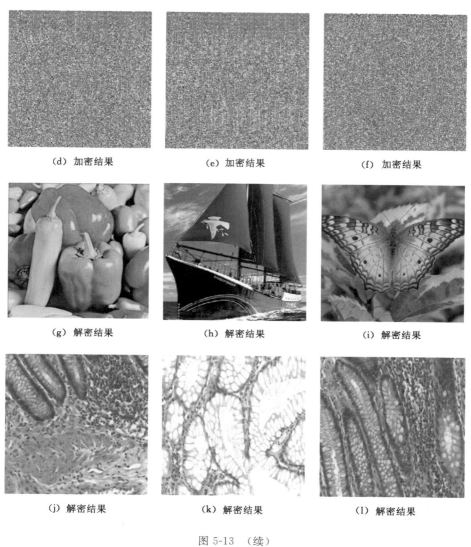

（d）加密结果　　　　　（e）加密结果　　　　　（f）加密结果

（g）解密结果　　　　　（h）解密结果　　　　　（i）解密结果

（j）解密结果　　　　　（k）解密结果　　　　　（l）解密结果

图 5-13　（续）

5.5.3.2　抗统计分析

接下来进行实验,分析加密前后相邻像素的直方图和相关性。直方图一般描述图像像素的强度分布,包含一些与视觉内容相关的重要信息。加密后,直方图应该有很大的区别。图 5-14 给出了图 5-11(a)～(c)和图 5-13(a)～(c)的直

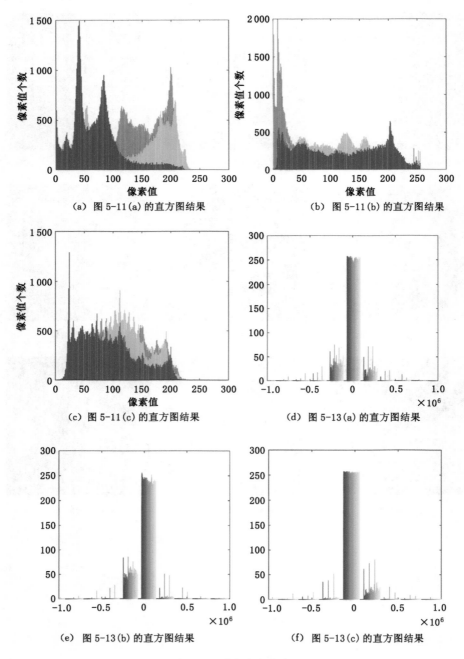

（a） 图 5-11(a) 的直方图结果

（b） 图 5-11(b) 的直方图结果

（c） 图 5-11(c) 的直方图结果

（d） 图 5-13(a) 的直方图结果

（e） 图 5-13(b) 的直方图结果

（f） 图 5-13(c) 的直方图结果

图 5-14 明文密文直方图

方图结果,明文图像与密文图像的像素分布差异较大,不同明文图像的分布并不均匀。相比之下,密码图像的直方图比较集中,呈现接近高斯白噪声的分布。结果表明,所提出的加密算法破坏了原始图像的像素分布特征。

对于明文图像,相邻像素具有较强的相关性,相关系数接近 1.000 0。分别从图 5-11(a)和图 5-13(a)中随机选取 5 000 对相邻像素,计算水平、垂直和对角方向的相关系数(Correlation Coefficients,CC)为:

$$
\begin{cases}
r_{xy} = \dfrac{E\{[x - E(x)][y - E(y)]\}}{\sqrt{D(x)}\,\sqrt{D(y)}} \\[2ex]
E = \dfrac{1}{N}\sum_{i=1}^{N} x_i \\[2ex]
D(x) = \dfrac{1}{N}\sum_{i=1}^{N} (x_i - E(x))^2
\end{cases}
\tag{5-43}
$$

从表 5-4 中的 CC 值列表和图 5-15 中绘制的分布可以看出,明文图像中相邻像素的 CC 值接近 1.000 0,且集中在对角线上,说明存在很强的相关性。相反,密文图像中相邻像素的 CC 值接近于 0,说明密文图像的相关性较低。这些结果表明,所提出的加密算法有效地破坏了相邻像素之间的相关性。

表 5-4　水平、垂直、对角相邻像素的 CC 值

		水平	垂直	对角
	R	0.969 0	0.966 5	0.938 8
图 5-11(a)	G	0.974 0	0.968 8	0.943 3
	B	0.963 2	0.958 0	0.925 7
	R	−0.001 4	−0.032 1	−0.048 8
图 5-13(a)	G	−0.496 0	−0.698 7	0.420 5
	B	−0.204 8	−0.246 3	0.093 0

5.5.3.3　算法敏感性分析

首先,为了测试值 θ 对三元数离散余弦变换的影响,在图 5-11(a)上进行实验。采用峰值信噪比(Peak Signal-to-Noise Ratio,PSNR)来客观量化恢复图像的质量。

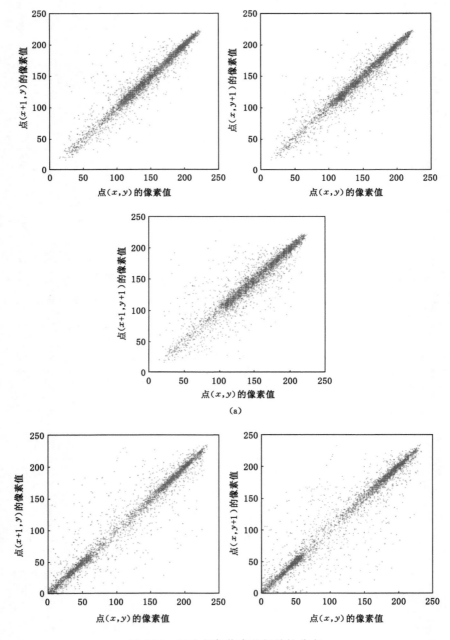

图 5-15　两个相邻像素的相关性分布

[(a)~(c)分别是图 5-11(a)的红、绿、蓝三通道;(d)~(f)分别为图 5-13(a)的红、绿、蓝三通道]

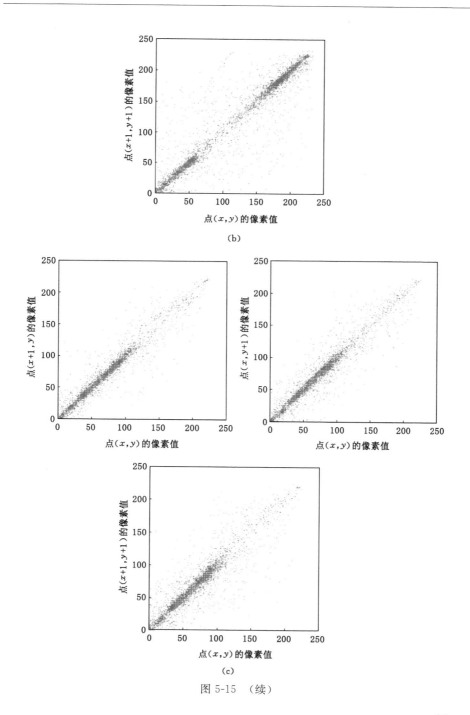

（b）

（c）

图 5-15　（续）

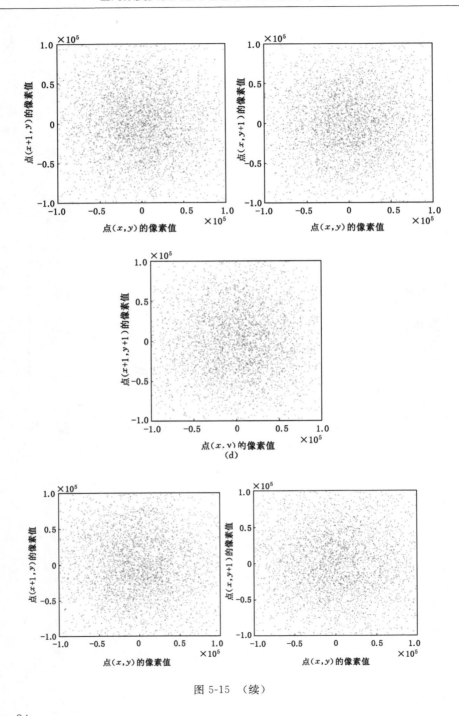

图 5-15 （续）

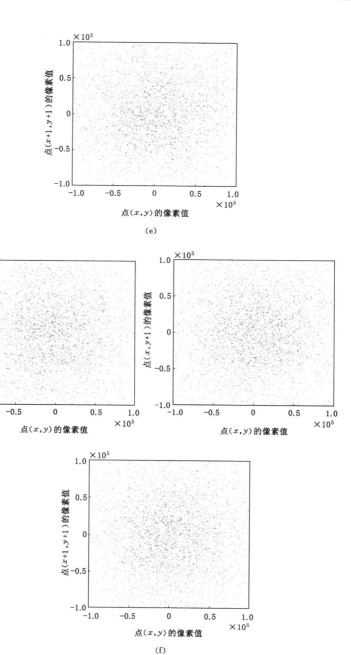

图 5-15 （续）

　　当 θ 值的范围从 $\pi/8$ 到 2π，增量为 $\pi/8$ 时，图 5-16 给出了通过三元数离散余弦逆变换获得的图像的 PSNR 值。可以明显看到，所有的 PSNR 值都大于 300.00dB，并且其变化相对平缓，这表明 θ 值对复原图像的质量没有绝对的影响。

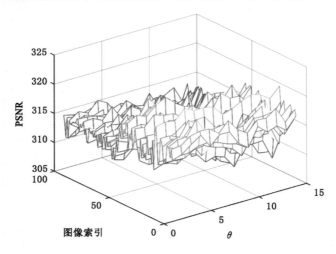

图 5-16　ITDCT 图像的 PSNR 值

　　接下来，当量子混沌映射的控制参数和初始值稍微改变时，对解密结果进行定量分析。当一个值稍微改变时，其他值保持正确。不同情况下图 5-11(a) 的解密结果如图 5-17 所示，不能传达有意义的内容。所有的 PSNR 结果都显示在图 5-18 中，其中 PSNR 的最大值不超过 12.00 dB。这些结果表明，即使任何值偏离，密文也无法被解码。在这些精度下，密钥空间至少为 1 073，可以抵抗暴力攻击。

　　另外，当明文发生变化时，新生成的密文也应与原来的密文不同。对于给定的明文图像，将随机选择的像素增加 20，然后计算像素变化率（Number of Pixels Change Rate，NPCR）和统一平均变化强度（Unified Average Changing Intensity，UACI）：

$$D(i,j) = \begin{cases} 1, C_1 \neq C_2 \\ 0, C_1 = C_2 \end{cases} \tag{5-44}$$

$$\text{NPCR} = \frac{1}{NM} \sum_{j=0}^{N-1} \sum_{i=0}^{M-1} D(i,j) \times 100\% \tag{5-45}$$

$$\text{UACI} = \frac{1}{NM} \sum_{j=0}^{N-1} \sum_{i=0}^{M-1} \frac{|C_1 - C_2|}{F} \times 100\% \tag{5-46}$$

其中 F 是原始密文 C_1 和新密文 C_2 的最大值。

(a) $\gamma' = \gamma + 10^{-15}$ (b) $\beta' = \beta + 10^{-15}$ (c) $x_0' = x_0 + 10^{-15}$

(d) $y_0' = y_0 + 10^{-15}$ (e) $z_0' = z_0 + 10^{-13}$

图 5-17   图 5-11(a)的解密结果

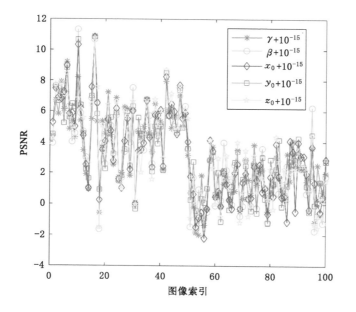

图 5-18   量子混沌映射的控制参数和初始值稍有变化时的 PSNR 结果

根据图 5-19 所示,分别对单个明文和多个明文进行多次测试。只要明文图像稍有变化,加密结果的 NPCR 就会发生近 100% 的变化,相应的 UACI 将会大于 33.3%。这表明所提出的加密系统具有良好的明文敏感性。

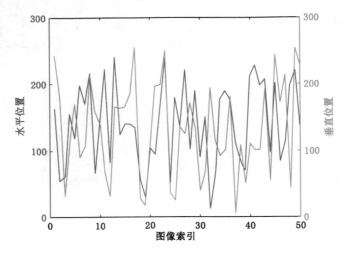

（a）单幅明文图像的 50 个位置

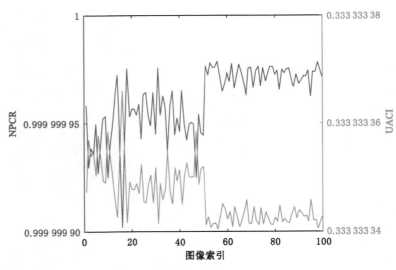

（b）单幅明文图像的 50 次测试

图 5-19　NPCR 和 UACI 结果

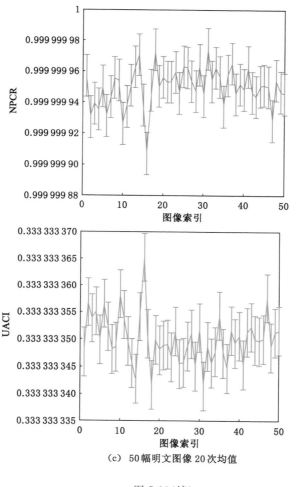

（c）50 幅明文图像 20 次均值

图 5-19（续）

5.5.3.4　抗明文选择分析

为了进一步评估该加密算法的安全性，对选择明文攻击进行了测试。图 5-20 是使用从图 5-11(d)～(f)获得的伪密钥解密图 5-11(a)～(c)的结果。显然，无法获取明文图像的任何信息。主要是每次加密都使用明文像素迭代生成混沌序列，从而使加密算法用不同的明文形成不同的密钥。测试结果表明，该方案具有较好的抵抗选择明文攻击的能力。

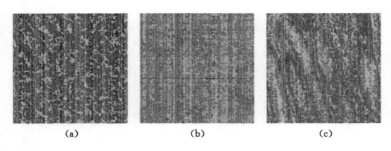

(a)   (b)   (c)

图 5-20 抗明文选择攻击结果

5.5.3.5　与其他算法的比较

在这一小节中,为了进一步证明所提出的算法的性能,将本章算法与压缩感知(CS)[93]、压缩感知与等模分解(CS\EMD-DFrT)[94]、混沌 Ushiki 映射等模分解(UM-EMD-FrFT)[95]和螺旋相变等模分解(SPT-EMD)[96]的结果进行比较。

首先,选择 PSNR 和结构相似指数(Structural Similarity Index Measurement,SSIM)度量作为量化恢复图像质量的标准。SSIM 计算如下:

$$SSIM = \frac{(2\mu_f \mu_{\tilde{f}+c_1})(2\sigma_{\tilde{f}f} + c_2)}{(\mu_f^2 + \mu_{\tilde{f}}^2 + c_1)(\sigma_f^2 + \sigma_{\tilde{f}}^2 + c_2)} \tag{5-47}$$

$\{\mu_f, \mu_{\tilde{f}}\}$ 为均值,$\{\sigma_f \sigma_{\tilde{f}}\}$ 为标准方差,σ_{ff} 为协方差。

从图 5-21 中绘制的结果,可以明显看到,使用所提出的算法正确解密的图像的所有 PSNR 值都大于使用其他四种算法的结果。统计结果如表 5-5 所示,其中提出的算法的 PSNR 值落在 292.551 7 dB 和 304.451 9 dB 之间。通过本章所提算法获得的 PSNR 的变化范围较小。总体而言,使用该算法恢复的明文图像保真度最好,这也表明该加密算法满足可用性要求。

表 5-5　PSNR 统计结果对比

	PSNR/dB			SSIM
	最大值	最小值	均值	
CS-EMD-DFrT 算法[16]	244.192 1	207.534 1	231.619 0	1.000 0
SPT-EMD 算法[19]	287.814 5	235.089 2	270.457 2	1.000 0
CS 算法[15]	240.609 5	152.378 3	211.678 0	1.000 0
UM-EMD-FrFT 算法[18]	273.252 5	215.179 4	257.222 1	1.000 0
本书算法	304.451 9	292.551 7	297.395 3	1.000 0

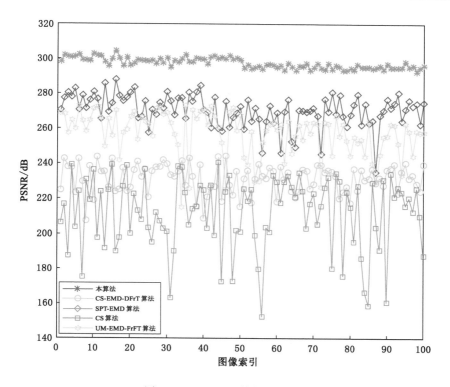

图 5-21 PSNR 比较结果所有值

其次,为了评估所提出的加密算法的鲁棒性,考虑了添加噪声攻击和裁剪攻击的抗攻击能力。实验时,在密文中加入均值为零、强度不同的高斯噪声,然后使用正确的密钥进行解密。在实验中,生成大小为的标准高斯随机噪声,然后通过随机补零调整为大小。将该算法的结果与上述四种算法的结果进行了比较。平均 PSNR 和 SSIM 的结果如图 5-22 所示,随着噪声强度的增加,恢复后的图像质量会变差。相比之下,该算法的 PSNR 和 SSIM 都要大得多。图 5-23 显示了这五种算法设置高斯噪声强度为 15 时的解密结果。实验结果表明,该算法优于其他四种算法,对噪声攻击具有较强的鲁棒性。

然后,对抗裁剪性能进行了测试。假设以 5%、10%、15%、20% 和 25% 的比例裁剪密文的中心。从图 5-24 所示的平均 PSNR 和 SSIM 结果以及图 5-25 所示的恢复图像中可以看出,使用本章算法、UM-EMD-FrFT 算法和 CS 算法获得的解密图像中可以看到一些明文信息。总的来说,本书算法对遮挡攻击具有一定的抵抗能力。

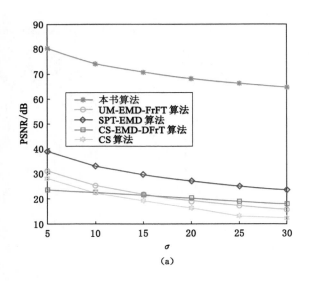

(a)

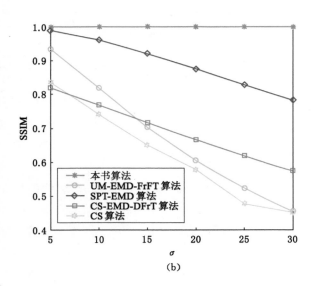

(b)

图 5-22　高斯噪声下的 PSNR 和 SSIM 均值

PSNR=70.749 0 dB　　PSNR=70.707 2 dB　　PSNR=70.635 2 dB
SSIM=1.000 0　　　　SSIM=1.000 0　　　　SSIM=1.000 0

(a)　本书算法

PSNR=22.429 8 dB　　PSNR=18.650 6 dB　　PSNR=21.066 7 dB
SSIM=0.897 8　　　　SSIM=0.751 6　　　　SSIM=0.700 9

(b)　CS-EMD-DFrT 算法

PSNR=21.528 6 dB　　PSNR=21.329 9 dB　　PSNR=21.699 1 dB
SSIM=0.577 3　　　　SSIM=0.655 7　　　　SSIM=0.682 5

(c)　UM-EMD-FrFT 算法

PSNR=15.493 6 dB　　PSNR=20.903 8 dB　　PSNR=23.838 9 dB
SSIM=0.707 2　　　　SSIM=0.818 3　　　　SSIM=0.797 0

(d)　CS 算法

图 5-23　$\sigma = 15$ 的解密结果

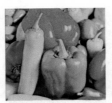

PSNR=29.414 3 dB   PSNR=29.414 3 dB   PSNR=29.414 3 dB
SSIM=0.872 4   SSIM=0.900 0   SSIM=0.918 3

(e) SPT-EMD 算法

图 5-23(续)

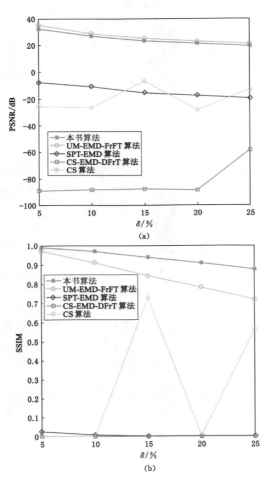

图 5-24 裁剪攻击下的 PSNR 和 SSIM 均值

PSNR=29.643 1 dB　　　　PSNR=21.219 2 dB　　　　PSNR=19.171 3 dB
SSIM=0.970 3　　　　　　SSIM=0.839 2　　　　　　SSIM=0.775 4

（a）本书算法

PSNR=−30.003 4 dB　　　PSNR=−44.303 2 dB　　　PSNR=−79.693 7 dB
SSIM=0.000 4　　　　　　SSIM=0.000 6　　　　　　SSIM=0.000 2

（b）CS-EMD-DFrT 算法

 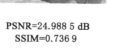 

PSNR=34.787 8 dB　　　　PSNR=24.988 5 dB　　　　PSNR=22.706 7 dB
SSIM=0.939 6　　　　　　SSIM=0.736 9　　　　　　SSIM=0.657 5

（c）UM-EMD-FrFT 算法

图 5-25　解密结果
（从左到右比例分别为 5%、15%、20%）

  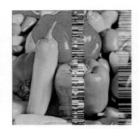

PSNR=6.926 8 dB   PSNR=4.174 4 dB   PSNR=-3.763 1 dB
SSIM=0.920 7   SSIM=0.716 2   SSIM=0.671 7

(d) CS 算法

PSNR=-3.404 5 dB   PSNR=-7.600 2 dB   PSNR=-20.817 4 dB
SSIM=0.011 8   SSIM=0.003 9   SSIM=0.000 7

(e) SPT-EMD 算法

图 5-25(续)

此外,本章算法和其他四种加密算法的时间消耗列于表 5-6。注意到所提出的加密算法与其他算法相比没有太大的优势。这主要是因为对称谱的构造部分有些烦琐。

表 5-6　不同算法时间比较　　　　　　　　　　　　　　单位:s

	本书算法	CS-EMD-DFrT 算法	UM-EMD-FrFT 算法	CS 算法	SPT-EMD 算法
加密过程	0.237 9	0.119 4	4.484 5	0.117 0	0.055 3
解密过程	0.122 6	46.185 0	4.308 1	23.228 2	0.017 9

5.6　本章小结

本章介绍了三元数,并给出了三元数离散 Fourier 变换、三元数离散余弦变换的构造及其计算方法。因为三元数具有有一个实部、两个虚部,可以用来表示彩色图像的三个通道。进一步,研究了离散三元数 Fourier 变换域的彩色图像水印算法、三元数离散余弦变换的彩色图像加密算法;所提出的水印算法不仅考虑了彩色图像三个通道的整体性,并且在扰动调制变换系数后通过反变换重建图像时不需要考虑水印信息的丢失问题,此外还具有与四元数可比的水印的鲁棒性。所提出的图像加密算法巧妙地利用了二维离散 Fourier 变换的共轭对称性。量子逻辑映射的高敏感性、克罗内克乘积的多样性和变步长 Josephus 遍历使得该加密算法更加安全。与其他加密算法相比,该算法在解密图像质量、抵抗噪声和剪切攻击方面更具优势。

第 6 章　四元数变换

6.1　四元数离散 Fourier 变换

6.1.1　四元数离散 Fourier 变换的定义

作为经典 Fourier 变换的推广,离散四元数 Fourier 变换在彩色图像的处理中应用很广泛。根据以上四元数的定义,通常将彩色图像像素的 RGB 三个通道分别表示为四元数的三个虚部 i,j,k。也就是说,四元数方法可以将彩色图像表示为一个纯四元数矩阵。这样,就可以将彩色图像的三个通道作为一个整体进行处理。假设 $f(m,n)$ 为一幅 $M \times N$ 大小的彩色图像,其 RGB 三个通道分别表示为 $f_R(m,n), f_G(m,n), f_B(m,n)$,则 $f(m,n)$ 可以表示为四元数的形式:

$$f(m,n) = \mathrm{i}f_R(m,n) + \mathrm{j}f_G(m,n) + \mathrm{k}f_B(m,n) \tag{6-1}$$

则 $f(m,n)$ 的离散四元数 Fourier 变换的一种定义形式为

$$F(u,v) = \sum_{m=0}^{M-1} \sum_{n=0}^{N-1} [\mathrm{i}f_R(m,n) + \mathrm{j}f_G(m,n) + \mathrm{k}f_B(m,n)] \mathrm{e}^{-\mu 2\pi(\frac{mu}{M}+\frac{nv}{N})} \tag{6-2}$$

其相应的逆变换可以表示为

$$f(m,n) = \sum_{m=0}^{M-1} \sum_{n=0}^{N-1} [F_0(m,n) + \mathrm{i}F_1(m,n) + \mathrm{j}F_2(m,n) + \mathrm{k}F_3(m,n)] \mathrm{e}^{-\mu 2\pi(\frac{mu}{M}+\frac{nv}{N})}$$

$$\tag{6-3}$$

6.1.2　四元数离散 Fourier 变换的计算

$F(u,v)$ 的计算可以通过传统的二维 Fourier 变换来实现,通常 μ 可以取 i,j,k,$(\mathrm{i+j+k})/\sqrt{3}$。下面我们以 $\mu=\mathrm{i}$ 为例,给出四元数 Fourier 变换的计算,其他形式 μ 的结果请参见文献[92]。

$$F(u,v) = \mathrm{i} \sum_{m=0}^{M-1} \sum_{n=0}^{N-1} f_{\mathrm{R}}(m,n) \mathrm{e}^{-\mu 2\pi(\frac{mu}{M}+\frac{nv}{N})} + \mathrm{j} \sum_{m=0}^{M-1} \sum_{n=0}^{N-1} f_{\mathrm{G}}(m,n) \mathrm{e}^{-\mu 2\pi(\frac{mu}{M}+\frac{nv}{N})}$$

$$+ \mathrm{k} \sum_{m=0}^{M-1} \sum_{n=0}^{N-1} f_{\mathrm{B}}(m,n) \mathrm{e}^{-\mu 2\pi(\frac{mu}{M}+\frac{nv}{N})}$$

$$= \mathrm{real}(\mathrm{FFT}(f_{\mathrm{R}}(m,n))) + \mathrm{i}\mu\,\mathrm{imag}(\mathrm{FFT}(f_{\mathrm{R}}(m,n))$$

$$+ \mathrm{real}(\mathrm{FFT}(f_{\mathrm{G}}(m,n))) + \mathrm{j}\mu\,\mathrm{imag}(\mathrm{FFT}(f_{\mathrm{G}}(m,n))$$

$$+ \mathrm{real}(\mathrm{FFT}(f_{\mathrm{B}}(m,n))) + \mathrm{k}\mu\,\mathrm{imag}(\mathrm{FFT}(f_{\mathrm{B}}(m,n))$$

$$= A(u,v) + B(u,v)\mathrm{i} + C(u,v)\mathrm{j} + D(u,v)\mathrm{k}$$

$$(6\text{-}4)$$

其中

$$A(u,v) = -\mathrm{imag}(\mathrm{DFT}(f_{\mathrm{R}}))$$

$$B(u,v) = -\mathrm{real}(\mathrm{DFT}(f_{\mathrm{R}}))$$

$$C(u,v) = \mathrm{real}(\mathrm{DFT}(f_{\mathrm{G}})) + \mathrm{imag}(\mathrm{DFT}(f_{\mathrm{B}}))$$

$$D(u,v) = \mathrm{real}(\mathrm{DFT}(f_{\mathrm{B}})) - \mathrm{imag}(\mathrm{DFT}(f_{\mathrm{G}})) \qquad (6\text{-}5)$$

式中,DFT(•)表示传统的离散 Fourier 变换,real(•)和 imag(•)分别表示取复数的实部和虚部的运算。

类似地,四元数离散 Fourier 变换的逆变换可以通过下面的方法来计算。

$$f(m,n) = \frac{1}{MN} \sum_{u=0}^{M-1} \sum_{v=0}^{N-1} A(u,v) \mathrm{e}^{\mu 2\pi(\frac{mu}{M}+\frac{nv}{N})} + \frac{1}{MN} \mathrm{i} \sum_{u=0}^{M-1} \sum_{v=0}^{N-1} B(u,v) \mathrm{e}^{\mu 2\pi(\frac{mu}{M}+\frac{nv}{N})}$$

$$+ \frac{1}{MN} \mathrm{j} \sum_{u=0}^{M-1} \sum_{v=0}^{N-1} C(u,v) \mathrm{e}^{\mu 2\pi(\frac{mu}{M}+\frac{nv}{N})} + \frac{1}{MN} \mathrm{k} \sum_{u=0}^{M-1} \sum_{v=0}^{N-1} D(u,v) \mathrm{e}^{\mu 2\pi(\frac{mu}{M}+\frac{nv}{N})}$$

$$= \mathrm{real}(\mathrm{IDFT}(A)) + \mu\,\mathrm{imag}(\mathrm{IDFT}(A) + \mathrm{i}[\mathrm{real}(\mathrm{IDFT}(B))$$

$$+ \mu\,\mathrm{imag}(\mathrm{IDFT}(B))] + \mathrm{j}[\mathrm{real}(\mathrm{IDFT}(C)) + \mu\,\mathrm{imag}(\mathrm{IDFT}(C))]$$

$$+ \mathrm{k}[\mathrm{real}(\mathrm{IDFT}(D)) + \mu\,\mathrm{imag}(\mathrm{IDFT}(D))]$$

$$= f_0(m,n) + \mathrm{i} f_{\mathrm{R}}(m,n) + \mathrm{j} f_{\mathrm{G}}(m,n) + \mathrm{k} f_{\mathrm{B}}(m,n)$$

$$(6\text{-}6)$$

其中,

$$f_0(m,n) = \mathrm{real}(\mathrm{IDFT}(A)) - \mathrm{imag}(\mathrm{IDFT}(B))$$

$$f_{\mathrm{R}}(m,n) = \mathrm{real}(\mathrm{IDFT}(B)) + \mathrm{imag}(\mathrm{IDFT}(A))$$

$$f_{\mathrm{G}}(m,n) = \mathrm{real}(\mathrm{IDFT}(C)) + \mathrm{imag}(\mathrm{IDFT}(D))$$

$$f_{\mathrm{B}}(m,n) = \mathrm{real}(\mathrm{IDFT}(D)) - \mathrm{imag}(\mathrm{IDFT}(C)) \qquad (6\text{-}7)$$

式中,IDFT(•)表示传统的离散 Fourier 逆变换。

从以上式子可以看出,四元数 Fourier 变换及其逆变换可以通过传统的 Fourier 变换的快速算法来实现。事实上,由于四元数乘法的不可交换性,以上的四元数 Fourier 变换的定义又称为右边离散四元数 Fourier 变换,关于四元数 Fourier 变换的其他定义请参见文献[197]。

6.2 四元数离散分数阶 Krawtchouk 变换

6.2.1 一维四元数离散分数阶 Krawtchouk 变换的定义

根据四元数的定义,我们知道四元数的乘法不满足交换律。因此,一维四元数离散分数阶 Krawtchouk 变换(QDFrKT)可以表示为两种形式,即四元数变换矩阵左乘和右乘四元数信号。为了简单起见,我们定义两种表示形式为左乘形式和右乘形式,下面给出两种形式的表达。

定义 6.1 假设四元数信号表示为 $x(m),m=1,2,\cdots,N$,一维 QDFrKT 的左乘形式表示为

$$T^{\alpha}=VD^{\mu\alpha}V^{\mathrm{T}}x \tag{6-8}$$

其中,矩阵 V 的每一列是 Krawtchouk 变换矩阵的特征向量,x 为四元数信号 $x(m)$ 的列向量表示形式,μ 为单位四元数,表示为 $\mu=a\mathrm{i}+b\mathrm{j}+c\mathrm{k}$ 且 $|\mu|=1$,$D^{\mu\alpha}$ 表示为,

$$D^{\mu\alpha}=\begin{bmatrix} \mathrm{e}^{-\mu\alpha 0\pi} & & & \\ & \mathrm{e}^{-\mu\alpha 1\pi} & & \\ & & \ddots & \\ & & & \mathrm{e}^{-\mu\alpha(N-1)\pi} \end{bmatrix} \tag{6-9}$$

定义 6.2 假设四元数信号表示为 $y(m),m=1,2,\cdots,N$,一维 QDFrKT 的右乘形式表示为

$$T^{\beta}=yVD^{\mu\beta}V^{\mathrm{T}} \tag{6-10}$$

其中,矩阵 V 的每一列是 Krawtchouk 变换矩阵的特征向量,y 为四元数信号 $x(m)$ 的行向量表示形式,$D^{\mu\beta}$ 表示为,

$$D^{\mu\beta}=\begin{bmatrix} \mathrm{e}^{-\mu\beta 0\pi} & & & \\ & \mathrm{e}^{-\mu\beta 1\pi} & & \\ & & \ddots & \\ & & & \mathrm{e}^{-\mu\beta(N-1)\pi} \end{bmatrix} \tag{6-11}$$

6.2.2 一维 QDFrKT 左乘形式的直接计算方法

这里,我们的直接计算方法指的是通过传统的 DFrKT 来计算 QDFrKT。具体来讲,对于一维四元数信号,它包含一个实部和三个虚部,我们可以通过计算该四元数信号的四个部分分别做 DFrKT,然后根据计算结果来得到该四元数信号的 QDFrKT 计算。

假设 $x = x_0 + x_1\mathrm{i} + x_2\mathrm{j} + x_3\mathrm{k}$ 为一维四元数信号的列向量表示,μ 为单位纯四元数,$\mu = a\mathrm{i} + b\mathrm{j} + c\mathrm{k}$,$\alpha$ 为分数阶阶数,则 x 的一维 QDFrKT 左乘形式的计算为

$$T^\alpha = VD^{\mu\alpha}V^{\mathrm{T}}x$$
$$= VD^{\mu\alpha}V^{\mathrm{T}}(x_0 + x_1\mathrm{i} + x_2\mathrm{j} + x_3\mathrm{k})$$
$$= VD^{\mu\alpha}V^{\mathrm{T}}x_0 + VD^{\mu\alpha}V^{\mathrm{T}}x_1\mathrm{i} + VD^{\mu\alpha}V^{\mathrm{T}}x_2\mathrm{j} + VD^{\mu\alpha}V^{\mathrm{T}}x_3\mathrm{k}$$
$$= \mathrm{ReDFrKT}_{\mathrm{L}}^\alpha(x_0) + \mu\mathrm{ImDFrKT}_{\mathrm{L}}^\alpha(x_0) + \mathrm{iReDFrKT}_{\mathrm{L}}^\alpha(x_1)$$
$$\quad + \mu\mathrm{iImDFrKT}_{\mathrm{L}}^\alpha(x_1) + \mathrm{jReDFrKT}_{\mathrm{L}}^\alpha(x_2) + \mu\mathrm{jImDFrKT}_{\mathrm{L}}^\alpha(x_2)$$
$$\quad + \mathrm{kReDFrKT}_{\mathrm{L}}^\alpha(x_3) + \mu\mathrm{kImDFrKT}_{\mathrm{L}}^\alpha(x_3)$$
$$= \mathrm{ReDFrKT}_{\mathrm{L}}^\alpha(x_0) + (a\mathrm{i} + b\mathrm{j} + c\mathrm{k}) \times \mathrm{ImDFrKT}_{\mathrm{L}}^\alpha(x_0) + \mathrm{iReDFrKT}_{\mathrm{L}}^\alpha(x_1)$$
$$\quad + (-a - b\mathrm{k} + c\mathrm{j}) \times \mathrm{ImDFrKT}_{\mathrm{L}}^\alpha(x_1)$$
$$\quad + \mathrm{jReDFrKT}_{\mathrm{L}}^\alpha(x_2) + (a\mathrm{k} - b - \mathrm{i}) \times \mathrm{ImDFrKT}_{\mathrm{L}}^\alpha(x_2) + \mathrm{kReDFrKT}_{\mathrm{L}}^\alpha(x_3)$$
$$\quad + (-a\mathrm{j} + b\mathrm{i} - c) \times \mathrm{ImDFrKT}_{\mathrm{L}}^\alpha(x_3)$$
$$= A_{\mathrm{L}} + B_{\mathrm{L}}\mathrm{i} + C_{\mathrm{L}}\mathrm{j} + D_{\mathrm{L}}\mathrm{k}$$

$$(6\text{-}12)$$

其中,$\mathrm{DFrKT}_{\mathrm{L}}^\alpha(x_p)$,$p = 0,1,2,3$ 表示一维四元数列向量表示 x 的实部和三个虚部的 DFrKT。$A_{\mathrm{L}},B_{\mathrm{L}},C_{\mathrm{L}}$ 和 D_{L} 表示 QDFrKT 变换域四元数值的实部和三个虚部,表达式为

$$A_{\mathrm{L}} = \mathrm{ReDFrKT}_{\mathrm{L}}^\alpha(x_0) - a\mathrm{ImDFrKT}_{\mathrm{L}}^\alpha(x_1) - b\mathrm{ImDFrKT}_{\mathrm{L}}^\alpha(x_2) - c\mathrm{ImDFrKT}_{\mathrm{L}}^\alpha(x_3)$$
$$B_{\mathrm{L}} = a\mathrm{ImDFrKT}_{\mathrm{L}}^\alpha(x_0) + \mathrm{ReDFrKT}_{\mathrm{L}}^\alpha(x_1) - c\mathrm{ImDFrKT}_{\mathrm{L}}^\alpha(x_2) + b\mathrm{ImDFrKT}_{\mathrm{L}}^\alpha(x_3)$$
$$C_{\mathrm{L}} = b\mathrm{ImDFrKT}_{\mathrm{L}}^\alpha(x_0) + \mathrm{ReDFrKT}_{\mathrm{L}}^\alpha(x_2) + c\mathrm{ImDFrKT}_{\mathrm{L}}^\alpha(x_1) - a\mathrm{ImDFrKT}_{\mathrm{L}}^\alpha(x_3)$$
$$D_{\mathrm{L}} = c\mathrm{ImDFrKT}_{\mathrm{L}}^\alpha(x_0) + \mathrm{ReDFrKT}_{\mathrm{L}}^\alpha(x_3) - b\mathrm{ImDFrKT}_{\mathrm{L}}^\alpha(x_1) + a\mathrm{ImDFrKT}_{\mathrm{L}}^\alpha(x_2)$$

$$(6\text{-}13)$$

6.2.3 一维 QDFrKT 右乘形式的直接计算方法

假设 $y = y_0 + y_1\mathrm{i} + y_2\mathrm{j} + y_3\mathrm{k}$ 为一维四元数信号的行向量表示,μ 为单位纯

四元数，$\mu = a\mathrm{i} + b\mathrm{j} + c\mathrm{k}$，$\beta$ 为分数阶阶数，则 y 的一维 QDFrKT 右乘形式的计算为

$$T^\beta = y\boldsymbol{VD}^{\mu\beta}\boldsymbol{V}^{\mathrm{T}}$$

$$= (\boldsymbol{y}_0 + \boldsymbol{y}_1\mathrm{i} + \boldsymbol{y}_2\mathrm{j} + \boldsymbol{y}_3\mathrm{k})\boldsymbol{VD}^{\mu\beta}\boldsymbol{V}$$

$$= \boldsymbol{y}_0\boldsymbol{VD}^{\mu\beta}\boldsymbol{V}^{\mathrm{T}} + \mathrm{i}\boldsymbol{y}_1\boldsymbol{VD}^{\mu\beta}\boldsymbol{V}^{\mathrm{T}} + \mathrm{j}\boldsymbol{y}_2\boldsymbol{VD}^{\mu\beta}\boldsymbol{V}^{\mathrm{T}} + \mathrm{k}\boldsymbol{y}_3\boldsymbol{VD}^{\mu\beta}\boldsymbol{V}^{\mathrm{T}}$$

$$= \mathrm{ReDFrKT}_{\mathrm{R}}^{\beta}(\boldsymbol{y}_0) + \mu\mathrm{ImDFrKT}_{\mathrm{R}}^{\beta}(\boldsymbol{y}_0) + \mathrm{iReDFrKT}_{\mathrm{R}}^{\beta}(\boldsymbol{y}_1)$$

$$\quad + \mathrm{i}\mu\mathrm{ImDFrKT}_{\mathrm{R}}^{\beta}(\boldsymbol{y}_1) + \mathrm{jReDFrKT}_{\mathrm{R}}^{\beta}(\boldsymbol{y}_2) + \mathrm{j}\mu\mathrm{ImDFrKT}_{\mathrm{R}}^{\beta}(\boldsymbol{y}_2)$$

$$\quad + \mathrm{kReDFrKT}_{\mathrm{R}}^{\beta}(\boldsymbol{y}_3) + \mathrm{k}\mu\mathrm{ImDFrKT}_{\mathrm{R}}^{\beta}(\boldsymbol{y}_3)$$

$$= \mathrm{ReDFrKT}_{\mathrm{R}}^{\beta}(\boldsymbol{y}_0) + (a\mathrm{i} + b\mathrm{j} + c\mathrm{k}) \times \mathrm{ImDFrKT}_{\mathrm{R}}^{\beta}(\boldsymbol{y}_0) + \boldsymbol{i}\mathrm{ReDFrKT}_{\mathrm{R}}^{\alpha}(\boldsymbol{y}_1)$$

$$\quad + (-a + b\mathrm{k} - c\mathrm{j}) \times \mathrm{ImDFrKT}_{\mathrm{R}}^{\beta}(\boldsymbol{y}_1)$$

$$\quad + \mathrm{jReDFrKT}_{\mathrm{R}}^{\beta}(\boldsymbol{y}_2) - (\mathrm{k} - b + c\mathrm{i}) \times \mathrm{ImDFrKT}_{\mathrm{R}}^{\beta}(\boldsymbol{y}_2) + \mathrm{kReDFrKT}_{\mathrm{R}}^{\beta}(\boldsymbol{y}_3)$$

$$\quad + (a\mathrm{j} - b\mathrm{i} - c) \times \mathrm{ImDFrKT}_{\mathrm{R}}^{\alpha}(\boldsymbol{y}_3)$$

$$= A_{\mathrm{R}} + B_{\mathrm{R}}\mathrm{i} + C_{\mathrm{R}}\mathrm{j} + D_{\mathrm{R}}\mathrm{k}$$

$$(6\text{-}14)$$

其中，$\mathrm{DFrKT}_{\mathrm{R}}^{\beta}(y_p)$，$p = 0,1,2,3$ 表示一维四元数行向量表示 $\boldsymbol{y}$ 的实部和三个虚部的 DFrKT。A_{R}，B_{R}，C_{R} 和 D_{R} 表示 QDFrKT 变换域四元数值的实部和三个虚部，表达式为

$$A_{\mathrm{R}} = \mathrm{ReDFrKT}_{\mathrm{R}}^{\beta}(y_0) - a\mathrm{ImDFrKT}_{\mathrm{R}}^{\beta}(y_1) - b\mathrm{ImDFrKT}_{\mathrm{R}}^{\beta}(y_2) - c\mathrm{ImDFrKT}_{\mathrm{R}}^{\beta}(y_3)$$

$$B_{\mathrm{R}} = a\mathrm{ImDFrKT}_{\mathrm{R}}^{\beta}(y_0) + \mathrm{ReDFrKT}_{\mathrm{R}}^{\beta}(y_1) + c\mathrm{ImDFrKT}_{\mathrm{R}}^{\beta}(y_2) - b\mathrm{ImDFrKT}_{\mathrm{R}}^{\beta}(y_3)$$

$$C_{\mathrm{R}} = b\mathrm{ImDFrKT}_{\mathrm{R}}^{\beta}(y_0) + \mathrm{ReDFrKT}_{\mathrm{R}}^{\beta}(y_2) - c\mathrm{ImDFrKT}_{\mathrm{R}}^{\beta}(y_1 + a\mathrm{ImDFrKT}_{\mathrm{R}}^{\beta}(y_3)$$

$$D_{\mathrm{R}} = c\mathrm{ImDFrKT}_{\mathrm{R}}^{\beta}(y_0) + \mathrm{ReDFrKT}_{\mathrm{R}}^{\beta}(y_3) + b\mathrm{ImDFrKT}_{\mathrm{R}}^{\beta}(y_1) - a\mathrm{ImDFrKT}_{\mathrm{R}}^{\beta}(y_2)$$

$$(6\text{-}15)$$

6.2.4　二维 QDFrKT

根据一维 QDFrKT 的定义，通过先对二维四元数信号的每一列执行一维 QDFrKT 的左乘形式，然后对结果的每一行执行一维 QDFrKT 的右乘形式构造二维 QDFrKT。

定义 6.3　假设二维四元数信号表示为 $f(m, n)$，$m, n = 1, 2, \cdots, N$，分数阶数为 (α, β) 的二维 QDFrKT 表示为

$$T^{\alpha, \beta} = \boldsymbol{VD}^{\mu\alpha}\boldsymbol{V}^{\mathrm{T}} f\boldsymbol{VD}^{\mu\beta}\boldsymbol{V}^{\mathrm{T}} \tag{6-16}$$

事实上，以上二维 QDFrKT 的构造形式保留了传统 DFrKT 变换的诸多优

秀性质,比如归一性和可加性。

归一性:$\boldsymbol{T}^{0,0} = \boldsymbol{f}$。

证明　根据二维 QDFrKT 的定义可知,$\boldsymbol{D}^{\mu 0} = \boldsymbol{I}$ 且 $\boldsymbol{V}\boldsymbol{V}^{\mathrm{T}} = \boldsymbol{I}$(其中 $\boldsymbol{I}$ 为单位矩阵)。归一性可由以上两个性质代入 $\boldsymbol{T}^{0,0}$ 的表达式得到。

阶数可加性:$\boldsymbol{T}^{\alpha_1,\beta_1}\boldsymbol{T}^{\alpha,\beta} = \boldsymbol{T}^{\alpha+\alpha_1,\beta+\beta_1}$。

证明　根据二维 QDFrKT 的定义,我们有

$$\boldsymbol{T}^{\alpha_1,\beta_1}\boldsymbol{T}^{\alpha,\beta} = \boldsymbol{V}\boldsymbol{D}^{\mu\alpha_1}\boldsymbol{V}^{\mathrm{T}}\boldsymbol{V}\boldsymbol{D}^{\mu\alpha}\boldsymbol{V}^{\mathrm{T}}\boldsymbol{V}\boldsymbol{D}^{\mu\beta}\boldsymbol{V}^{\mathrm{T}}\boldsymbol{V}\boldsymbol{D}^{\mu\beta_1}\boldsymbol{V}^{\mathrm{T}} \tag{6-17}$$

此外,根据 $\boldsymbol{D}^{\mu\alpha}$ 的定义可知,

$$\boldsymbol{D}^{\mu\alpha_1}\boldsymbol{D}^{\mu\alpha} = \boldsymbol{D}^{\mu(\alpha+\alpha_1)} \tag{6-18}$$

那么,将式(6-18)代入式(6-17)可知,

$$\boldsymbol{T}^{\alpha_1,\beta_1}\boldsymbol{T}^{\alpha,\beta} = \boldsymbol{V}\boldsymbol{D}^{\mu(\alpha+\alpha_1)}\boldsymbol{V}^{\mathrm{T}}\boldsymbol{V}\boldsymbol{D}^{\mu(\beta+\beta_1)}\boldsymbol{V}^{\mathrm{T}} = \boldsymbol{T}^{\alpha+\alpha_1,\beta+\beta_1} \tag{6-19}$$

证毕。

根据二维 QDFrKT 的归一性和阶数可加性可知,我们可以通过二维 QD-FrKT 变换域的变换系数来重建原始四元数信号。事实上,原始四元数信号 $\boldsymbol{f}$ 可以通过对二维 QDFrKT 变换域执行阶数取反的二维 QDFrKT 得到,即

$$\boldsymbol{f} = \boldsymbol{V}\boldsymbol{D}^{-\mu\alpha}\boldsymbol{V}^{\mathrm{T}}\boldsymbol{T}^{\alpha,\beta}\boldsymbol{V}\boldsymbol{D}^{-\mu\beta}\boldsymbol{V}^{\mathrm{T}} \tag{6-20}$$

6.2.5　二维 QDFrKT 的直接计算方法

根据 QDFrKT 的定义可知,二维 QDFrKT 是可分离的。也就是说,二维 QDFrKT 的直接计算可以先计算二维四元数信号的每列执行一维 QDFrKT 的左乘形式,然后对结果的每行执行一维 QDFrKT 的右乘形式。假设 $\boldsymbol{f}$ 维二维四元数信号,分数阶数为 (α,β) 的二维 QDFrKT 的计算表达式为

$$\boldsymbol{T}^{\alpha,\beta} = \boldsymbol{V}\boldsymbol{D}^{\mu\alpha}\boldsymbol{V}^{\mathrm{T}}\boldsymbol{f}\boldsymbol{V}\boldsymbol{D}^{\mu\beta}\boldsymbol{V}^{\mathrm{T}} = \mathrm{QDFrKT}_{\mathrm{R}}^{\beta}(\mathrm{QDFrKT}_{\mathrm{L}}^{\alpha}(\boldsymbol{f})) \tag{6-21}$$

其中,$\mathrm{QDFrKT}_{\mathrm{L}}^{\alpha}(\boldsymbol{f})$ 指的是对 $\boldsymbol{f}$ 的每列执行分数阶数为 α 的一维 QDFrKT 的左乘形式,$\mathrm{QDFrKT}_{\mathrm{R}}^{\beta}(\boldsymbol{f})$ 指的是对 $\boldsymbol{f}$ 的每行执行分数阶数为 β 的一维 QDFrKT 的右乘形式。

根据上述 QDFrKT 的直接计算方法,我们可以发现该方法简单、容易理解,而且其计算过程也可以通过定义直接得到。然而,直接计算 QDFrKT 计算量相对较大,即需要计算 8 次传统 DFrKT。因此,我们进一步提出根据辛分解的 QDFrKT 计算方法。该方法只需要计算 2 次传统 DFrKT,有效降低了 QDFrKT 的计算量。

6.2.6　根据辛分解的 QDFrKT 计算方法

6.2.6.1　四元数的辛分解形式（Symplectic Form）

首先介绍四元数 Cayley-Dickson 表示。四元数 Cayley-Dickson 表示可以把四元数表示成复数的形式，其中复数的实部和虚部均为复数。假设 q 为四元数，它的 Cayley-Dickson 表示形式为

$$q = q_L + q_R j \tag{6-22}$$

其中 $q_L = q_0 + q_1 i$，且 $q_R = q_2 + q_3 i$。

则四元数 q 可以表示为

$$q = q_0 + q_1 i + q_2 j + q_3 k \tag{6-23}$$

其中 $k = ij$。

根据四元数 Cayley-Dickson 表示，四元数可以表示为辛分解（symplectic form）形式，其由 Ell 等提出[47]。给定任意两个单位纯四元数 μ 和 μ_1，且满足 $\mu \perp \mu_1$，那么四元数 g 可以表示为如下辛分解形式：

$$g = g_0 + g_1 \mu + g_2 \mu_1 + g_3 \mu_2 = g_0 + g_1 \mu + (g_2 + g_3 \mu)\mu_1 \tag{6-24}$$

其中 $\mu_2 = \mu\mu_1$，且 $\mu_2 \perp \mu$，$\mu_2 \perp \mu_1$。

6.2.6.2　根据辛分解的 QDFrKT 计算形式

假设 g 为辛分解形式二维四元数信号，根据 QDFrKT 的定义，g 的 QDFrKT 变换域可以表示为

$$T = VD^{\mu\alpha}V^T g VD^{\mu\beta}V^T \tag{6-25}$$

其中，$D^{\mu\alpha}$ 和 $D^{\mu\beta}$ 的形式见式(6-9)和式(6-11)。

将 QDFrKT 的左右变换矩阵表示为如下形式，

$$VD^{\mu\alpha}V^T = A + B\mu \tag{6-26}$$

$$VD^{\mu\beta}V^T = C + D\mu \tag{6-27}$$

并代入 g 的 QDFrKT 变换的定义，得到变换域 T 可以表示为

$$
\begin{aligned}
T &= (A + B\mu)g(C + D\mu)\\
&= (A + B\mu)(g_L + g_R\mu_1)(C + D\mu)\\
&= (A + B\mu)g_L(C + D\mu) + (A + B\mu)g_R\mu_1(C + D\mu)\\
&= (A + B\mu)g_L(C + D\mu) + (A + B\mu)g_R(C - D\mu)\mu_1\\
&= \mathrm{Re}(\mathrm{DFrKT}^{\alpha,\beta}g_L)) + \mathrm{Im}(\mathrm{DFrKT}^{\alpha,\beta}(g_L))\mu
\end{aligned}\tag{6-28}
$$

$$+ \mathrm{Re}(\mathrm{DFrKT})^{\alpha,-\beta} \boldsymbol{g}_{\mathrm{R}})) \mu_1 + \mathrm{Im}(\mathrm{DFrKT}^{\alpha,-\beta}(\boldsymbol{g}_{\mathrm{R}})) \mu_2$$

显然,根据上式,$\boldsymbol{g}$ 的 QDFrKT 变换可以通过 $\boldsymbol{g}_{\mathrm{L}}$ 和 $\boldsymbol{g}_{\mathrm{R}}$ 的二维 DFrKT 得到。更确切地说,$\boldsymbol{g}$ 的 QDFrKT 变换可以表示为 $\boldsymbol{g}_{\mathrm{L}}$ 和 $\boldsymbol{g}_{\mathrm{R}}$ 的二维 DFrKT 变换域的实部或者虚部的加权求和。值得注意的是,这里的 $\boldsymbol{g}_{\mathrm{L}}$ 和 $\boldsymbol{g}_{\mathrm{R}}$ 分别表示 $\boldsymbol{g}$ 的辛分解后的部分,即 $\boldsymbol{g} = (\boldsymbol{g}_{\mathrm{L}} + \boldsymbol{g}_{\mathrm{R}} \mu_1)$。

另外,可以从 QDFrKT 变换域重建原始图像。具体的,可以通过对原始图像 $\boldsymbol{f}$ 的 QDFrKT 变换域再次进行 QDFrKT 变换得到,但是此时的分数阶阶数取原变换分数阶阶数的反数。假设 $\overline{\boldsymbol{f}}$ 为重建的图像,$\boldsymbol{T}$ 为原始图像 $\boldsymbol{f}$ 的 QDFrKT 变换域,$\overline{\boldsymbol{f}}$ 可以表示为,

$$
\begin{aligned}
\overline{\boldsymbol{f}} &= (\boldsymbol{A} - \boldsymbol{B}\mu) \boldsymbol{T} (\boldsymbol{C} - \boldsymbol{D}\mu) \\
&= (\boldsymbol{A} - \boldsymbol{B}\mu)(\boldsymbol{T}_{\mathrm{L}} + \boldsymbol{T}_{\mathrm{R}}\mu_1)(\boldsymbol{C} - \boldsymbol{D}\mu) \\
&= (\boldsymbol{A} - \boldsymbol{B}\mu)\boldsymbol{T}_{\mathrm{L}}(\boldsymbol{C} - \boldsymbol{D}\mu) + (\boldsymbol{A} - \boldsymbol{B}\mu)\boldsymbol{T}_{\mathrm{R}}\mu_1(\boldsymbol{C} - \boldsymbol{D}\mu) \\
&= (\boldsymbol{A} - \boldsymbol{B}\mu)\boldsymbol{T}_{\mathrm{L}}(\boldsymbol{C} - \boldsymbol{D}\mu) + (\boldsymbol{A} - \boldsymbol{B}\mu)\boldsymbol{T}_{\mathrm{R}}(\boldsymbol{C} + \boldsymbol{D}\mu)\mu_1 \\
&= \mathrm{Re}(\mathrm{DFrKT}^{-\alpha,-\beta}(\boldsymbol{T}_{\mathrm{L}})) + \mathrm{Im}(\mathrm{DFrKT}^{-\alpha,-\beta}(\boldsymbol{T}_{\mathrm{L}}))\mu \\
&\quad + \mathrm{Re}(\mathrm{DFrKT}^{-\alpha,\beta}(\boldsymbol{T}_{\mathrm{R}}))\mu_1 + \mathrm{Im}(\mathrm{DFrKT}^{-\alpha,\beta}(\boldsymbol{T}_{\mathrm{R}}))\mu_2
\end{aligned}
\tag{6-29}
$$

其中,

$$\mathrm{Re}(\mathrm{DFrKT}^{-\alpha,-\beta}(\boldsymbol{T}_{\mathrm{L}})) = \boldsymbol{A}\boldsymbol{T}_0\boldsymbol{C} - \boldsymbol{B}\boldsymbol{T}_0\boldsymbol{D} - \boldsymbol{B}\boldsymbol{T}_1\boldsymbol{C} - \boldsymbol{A}\boldsymbol{T}_1\boldsymbol{D} \tag{6-30a}$$

$$\mathrm{Im}(\mathrm{DFrKT}^{-\alpha,-\beta}(\boldsymbol{T}_{\mathrm{L}})) = \boldsymbol{B}\boldsymbol{T}_0\boldsymbol{C} + \boldsymbol{A}\boldsymbol{T}_0\boldsymbol{D} + \boldsymbol{A}\boldsymbol{T}_1\boldsymbol{C} - \boldsymbol{B}\boldsymbol{T}_1\boldsymbol{D} \tag{6-30b}$$

$$\mathrm{Re}(\mathrm{DFrKT}^{-\alpha,\beta}(\boldsymbol{T}_{\mathrm{L}})) = \boldsymbol{A}\boldsymbol{T}_2\boldsymbol{C} + \boldsymbol{B}\boldsymbol{T}_3\boldsymbol{D} - \boldsymbol{A}\boldsymbol{T}_3\boldsymbol{C} + \boldsymbol{B}\boldsymbol{T}_2\boldsymbol{D} \tag{6-30c}$$

$$\mathrm{Im}(\mathrm{DFrKT}^{-\alpha,\beta}(\boldsymbol{T}_{\mathrm{L}})) = \boldsymbol{A}\boldsymbol{T}_3\boldsymbol{C} - \boldsymbol{B}\boldsymbol{T}_2\boldsymbol{C} - \boldsymbol{A}\boldsymbol{T}_3\boldsymbol{D} + \boldsymbol{B}\boldsymbol{T}_2\boldsymbol{D} \tag{6-30d}$$

这里,$\boldsymbol{T}_p(p=0,1,2,3)$ 为四元数 $\boldsymbol{T}$ 的实部和三个虚部,即 $\boldsymbol{T} = \boldsymbol{T}_0 + \boldsymbol{T}_1\mu + \boldsymbol{T}_2\mu_1 + \boldsymbol{T}_3\mu_2$。

根据以上四元数 QDFrKT 变换域重建原始图像的过程,可以得到以下性质。

性质 6.1　改变四元数 QDFrKT 变换域的 $\boldsymbol{T}_2$ 和 $\boldsymbol{T}_3$ 部分的值,不会影响重建的四元数表示的图像 $\overline{\boldsymbol{f}}$ 的实部。

从性质 6.1 可以发现,修改 QDFrKT 变换域的第 2、第 3 个部分的系数,不会影响重建图像的质量(由四元数表示彩色图像,其色彩通道一般由四元数的三个虚部表示)。这样,我们可以通过处理 QDFrKT 变换域的 $\boldsymbol{T}_2$ 和 $\boldsymbol{T}_3$ 部分来处理图像,不会产生能量损失的问题。

6.3　四元数 Gyrator 变换

6.3.1　四元数 Gyrator 变换的定义

由于四元数的乘法不满足交换律,所以四元数 Gyrator 变换的定义存在不同形式,即:左边四元数 Gyrator 变换和右边四元数 Gyrator 变换。其中,旋转角度为 α 的左边四元数 Gyrator 变换的表达式为[198]:

$$G_l^\alpha[f(x,y)](u,v)=\iint K_\alpha(u,v;x,y)f(x,y)\mathrm{d}x\mathrm{d}y \tag{6-31}$$

相应的,右边四元数 Gyrator 变换的表达式为:

$$G_r^\alpha[f(x,y)](u,v)=\iint f(x,y)K_\alpha(u,v;x,y)\mathrm{d}x\mathrm{d}y \tag{6-32}$$

其中:$f(x,y)$ 为采用纯四元数矩阵形式表示的 RGB 彩色图像,即 $f(x,y)=\mathrm{i}f_R(x,y)+\mathrm{j}f_G(x,y)+\mathrm{k}f_B(x,y)$,这里 $\{R,G,B\}$ 表示三个颜色通道;$K_\alpha(u,v;x,y)$ 为变换的核函数,其表达式为:

$$K_\alpha(u,v;x,y)=\frac{1}{|\sin\alpha|}\exp\left(\mu2\pi\frac{(uv+xy)\cos\alpha-(uy+vx)}{\sin\alpha}\right)$$

$$\tag{6-33}$$

这里,μ 为任意的单位纯四元数,即:$\mu=i\gamma_1+j\gamma_2+k\gamma_3$ 且 $\mu^2=-1$。

根据四元数乘积的共轭性质,左边四元数 Gyrator 变换和右边四元数 Gyrator 变换之间满足以下关系:

$$G_r^\alpha[f(x,y)](u,v)$$

$$=\frac{1}{|\sin\alpha|}\iint f(x,y)\exp\left(\mu2\pi\frac{(uv+xy)\cos\alpha-(uy+vx)}{\sin\alpha}\right)\mathrm{d}x\mathrm{d}y$$

$$=\frac{1}{|\sin\alpha|}\iint f(x,y)\exp\left(\mu2\pi\frac{(uv+xy)\cos\alpha-(uy+vx)}{\sin\alpha}\right)\overline{f(x,y)}\mathrm{d}x\mathrm{d}y$$

$$=-\frac{1}{|\sin\alpha|}\iint f(x,y)\exp\left(\mu2\pi\frac{(uv+xy)\cos-\alpha-(uy+vx)}{\sin-\alpha}\right)f(x,y)\mathrm{d}x\mathrm{d}y$$

$$=-G_l^{-\alpha}[f(x,y)](u,v)$$

$$\tag{6-34}$$

需要指出的是,在下面的分析和讨论中,除特殊声明外,四元数 Gyrator 变换均指右边四元数 Gyrator 变换。

6.3.2　四元数 Gyrator 变换与四元数 Fourier 变换的关系

实际上,旋转角度为 α 的四元数 Gyrator 变换的定义式可以改写为:

$$G_r^\alpha[f(x,y)](u,v)$$

$$= \frac{1}{|\sin\alpha|}\iint f(x,y)\exp\left(\mu 2\pi \frac{(uv+xy)\cos\alpha-(uy+vx)}{\sin\alpha}\right)\mathrm{d}x\mathrm{d}y$$

$$= \frac{1}{|\sin\alpha|}\iint f(x,y)\mathrm{e}^{\mu 2\pi xy\cot\alpha}\exp\left(-\mu 2\pi\left(u\frac{y}{\sin\alpha}+v\frac{x}{\sin\alpha}\right)\right)\mathrm{d}x\mathrm{d}y\,\mathrm{e}^{\mu 2\pi uv\cot\alpha}$$

$$= \frac{1}{|\sin\alpha|}F_r\left\{\left[f(x,y)\mathrm{e}^{\mu 2\pi xy\cot\alpha}\right]\left(\frac{y}{\sin\alpha},\frac{x}{\sin\alpha}\right)\right\}\mathrm{e}^{\mu 2\pi uv\cot\alpha}$$

$$(6\text{-}35)$$

因此,对彩色图像 $f(x,y)$ 进行旋转角度为 α 的四元数 Gyrator 变换可以理解为:首先,在空域内对图像 $f(x,y)$ 进行一次相位调制;然后,经过右边四元数 Fourier 变换后再进行第二次相位调制,变换的整个过程如图 6-1 所示。

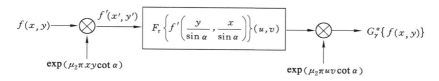

图 6-1　四元数 Gyrator 变换与四元数 Fourier 变换的关系

当旋转角度 α 的取值在某些特殊情况下,四元数 Gyrator 变换和四元数 Fourier 变换之间存在一定的等价关系,具体关系归纳为:

(1) 当 $\alpha=0$ 时,$G_r^\alpha[f(x,y)]=f(x,y)$;

(2) 当 $\alpha=\dfrac{\pi}{2}$ 时,$G_r^\alpha[f(x,y)]=\iint f(x,y)\mathrm{e}^{-\mu 2\pi(uy+vx)}\mathrm{d}x\mathrm{d}y$;

(3) 当 $\alpha=-\dfrac{3\pi}{2}$ 时,$G_r^\alpha[f(x,y)]=\iint f(x,y)\mathrm{e}^{\mu 2\pi(uy+vx)}\mathrm{d}x\mathrm{d}y$。

需要注意的是,对于情况(2)中的右边四元数 Fourier 和情况(3)中的右边四元数 Fourier 变换的逆变换,均指对直角坐标系 x-y 旋转 90°后再进行的四元数 Fourier 变换。

6.3.3　四元数 Gyrator 变换数值算法

四元数 Gyrator 变换的数值实现算法包括两种:基于单通道灰度图像

Gyrator 变换的间接算法和基于四元数 Fourier 变换的直接算法。

间接算法的基本思路为:根据定义和四元数的乘法,将四元数 Gyrator 变换的计算通过单通道灰度图像 Gyrator 变换的组合来实现。选取 $\mu=(i+j+k)/\sqrt{3}$,具体的推导过程为:

$$G_r^\alpha[f(x,y)](u,v)$$

$$=\frac{1}{|\sin\alpha|}\iint f(x,y)\exp\left(\mu 2\pi\frac{(uv+xy)\cos\alpha-(uy+vx)}{\sin\alpha}\right)\mathrm{d}x\mathrm{d}y$$

$$=\mathrm{i}\frac{1}{|\sin\alpha|}\iint f_R(x,y)\exp\left(\mu 2\pi\frac{(uv+xy)\cos\alpha-(uy+vx)}{\sin\alpha}\right)\mathrm{d}x\mathrm{d}y$$

$$+\mathrm{j}\frac{1}{|\sin\alpha|}\iint f_G(x,y)\exp\left(\mu 2\pi\frac{(uv+xy)\cos\alpha-(uy+vx)}{\sin\alpha}\right)\mathrm{d}x\mathrm{d}y$$

$$+\mathrm{k}\frac{1}{|\sin\alpha|}\iint f_B(x,y)\exp\left(\mu 2\pi\frac{(uv+xy)\cos\alpha-(uy+vx)}{\sin\alpha}\right)\mathrm{d}x\mathrm{d}y$$

$$=\mathrm{i}[\mathrm{Re}(G^\alpha(f_R))+\mu\mathrm{Im}(G^\alpha(f_R))]$$

$$+\mathrm{j}[\mathrm{Re}(G^\alpha(f_G))+\mu\mathrm{Im}(G^\alpha(f_G))]$$

$$+\mathrm{k}[\mathrm{Re}(G^\alpha(f_B))+\mu\mathrm{Im}(G^\alpha(f_B))]$$

$$=A+\mathrm{i}B+\mathrm{j}C+\mathrm{k}D$$

(6-36)

其中,

$$A=-\frac{1}{\sqrt{3}}[\mathrm{Im}(G^\alpha(f_R))+\mathrm{Im}(G^\alpha(f_B))] \tag{6-37a}$$

$$B=\mathrm{Re}(G^\alpha(f_R))+\frac{1}{\sqrt{3}}[\mathrm{Im}(G^\alpha(f_G))-\mathrm{Im}(G^\alpha(f_B))] \tag{6-37b}$$

$$C=\mathrm{Re}(G^\alpha(f_G))+\frac{1}{\sqrt{3}}[\mathrm{Im}(G^\alpha(f_B))-\mathrm{Im}(G^\alpha(f_R))] \tag{6-37c}$$

$$D=\mathrm{Re}(G^\alpha(f_B))+\frac{1}{\sqrt{3}}[\mathrm{Im}(G^\alpha(f_R))-\mathrm{Im}(G^\alpha(f_G))] \tag{6-37d}$$

式(6-37)中:$G^\alpha(f_R)$、$G^\alpha(f_G)$ 和 $G^\alpha(f_B)$ 分别表示彩色图像的 R 通道、G 通道和 B 通道图像的传统 Gyrator 变换(定义见第 4 章);$\mathrm{Re}(\cdot)$、$\mathrm{Im}(\cdot)$ 分别表示取复数的实部分量和虚部分量。显然,彩色图像的四元数 Gyrator 变换的计算可以通过三个颜色单通道灰度图像 Gyrator 变换的组合来实现。

另外,根据四元数 Fourier 变换与四元数单边卷积的运算关系,四元数 Gyrator 变换的计算可以通过四元数 Fourier 变换快速实现。具体推导过程如下:

根据三角函数关系,

$$\frac{1}{\sin\alpha}-\cot\alpha=\frac{1-\cos\alpha}{\sin\alpha}=\frac{2\sin^2\frac{\alpha}{2}}{2\sin\frac{\alpha}{2}\cos\frac{\alpha}{2}}=\tan\frac{\alpha}{2}\Rightarrow\cot\alpha=\frac{1}{\sin\alpha}-\tan\frac{\alpha}{2}$$

(6-38)

将 QGT 的核函数 $K_\alpha(u,v;x,y)$ 改写为:

$$K_\alpha(u,v;x,y)$$
$$=\frac{1}{|\sin\alpha|}\exp\left(\mu2\pi\frac{(ux+xy)\cos\alpha-(uy+vx)}{\sin\alpha}\right)$$
$$=\exp\left(\mu2\pi(uv+xy)\left(\frac{1}{\sin\alpha}-\tan\frac{\alpha}{2}\right)\right)\frac{\exp(-\mu2\pi(uy+vx)\cos\alpha)}{|\sin\alpha|}$$
$$=\exp\left(-\mu2\pi(uy+vx)\tan\frac{\alpha}{2}\right)\frac{\exp(\mu2\pi(uy+vx-uy-vx)\cos\alpha)}{|\sin\alpha|}$$
$$=\exp\left(-\mu2\pi xy\tan\frac{\alpha}{2}\right)\frac{\exp(\mu2\pi(u-x)(v-y)\csc\alpha)}{|\sin\alpha|}\exp\left(-\mu2\pi uv\tan\frac{\alpha}{2}\right)$$

(6-39)

令

$$\begin{cases}p(x,y)=\exp\left(-\mu2\pi xy\tan\frac{\alpha}{2}\right)\\h(x,y)=\frac{\exp(\mu2\pi xy\csc\alpha)}{|\sin\alpha|}\end{cases}$$

(6-40)

联合式(6-39)和式(6-40),式(6-32)所定义的右边四元数 Gyrator 变换可以表示为:

$$G_r^\alpha[f(x,y)](u,v)=\iint f(x,y)K_\alpha(u,v;x,y)\mathrm{d}x\mathrm{d}y$$
$$=\iint f(x,y)p(x,y)h(u-x,v-y)p(u,v)\mathrm{d}x\mathrm{d}y$$
$$=\iint f(x,y)p(x,y)h(u-x,v-y)\mathrm{d}x\mathrm{d}yp(u,v)$$
$$=[g(x,y)*h(x,y)]p(u,v)$$

(6-41)

其中,符号" * "表示四元数单边卷积运算,$g(x,y)$ 的表达式为

$$g(x,y)=f(x,y)p(x,y)=g_a(x,y)+\mathrm{j}g_b(x,y) \tag{6-42}$$

根据四元数单边卷积与左边四元数 Fourier 变换之间的关系,结合

式(6-42),式(6-41)可以等价为

$$G_f^\alpha[f(x,y)](u,v) = F_l^{-1}\left[F_l^{g_a}(u,v)F_l^h(u,v) + F_l^{g_b}(u,v)jF_l^h(-u,-v)\right]p(u,v)$$

$$(6\text{-}43)$$

这里,$F_l^{g_a}(u,v)$、$F_l^{g_b}(u,v)$ 和 F_l^h 分别表示 $g_a(x,y)$、$g_b(x,y)$ 和 $h(x,y)$ 的左边四元数 Fourier 变换,$F_l^{-1}(\cdot)$ 表示左边四元数 Fourier 变换的逆变换。

由于

$$h(x,y) = \frac{\exp(\mu 2\pi xy\csc\alpha)}{|\sin\alpha|} = h(-x,-y)$$

所以

$$F_l^h(u,v) = F_l^h(-u,-v) \qquad (6\text{-}44)$$

于是,式(6-43)可以简化为

$$G_f^\alpha[f(x,y)](u,v) = F_l^{-1}\left[F_l^g(u,v)F_l^h(u,v)\right]p(u,v) \qquad (6\text{-}45)$$

综上可得,四元数 Gyrator 变换可以通过计算两次左边四元数 Fourier 变换来实现。

6.4 本章小结

本章介绍了几类四元数变换。主要介绍了四元数离散 Fourier 变换的定义和常用的计算方法;我们在四元数离散分数阶 Krawtchouk 变换、四元数 Gyrator 变换的构造与计算方面的工作,详细推导了一维四元数离散分数阶 Krawtchouk 变换、二维离散分数阶 Krawtchouk 变换,并给出了该变换的直接计算方法和辛分解形式的快速计算方法;推导了四元数 Gyrator 变换与四元数 Fourier 变换的关系,给出了四元数 Gyrator 变换的直接计算方法,和基于四元数 Fourier 变换的快速计算方法。为后续章节设计彩色图像变换域的水印和加密算法提供理论基础。

第 7 章　基于四元数离散分数阶 Krawtchouk 变换的彩色图像水印算法

　　基于四元数离散分数阶 Krawtchouk 变换，本章设计了该四元数变换域的彩色图像水印算法。水印的嵌入通过量化索引调制的方法来修改四元数变换域的系数，然后进行逆变换得到嵌入水印的图像。假设 g 为原始彩色图像，大小为 $N \times N$。二值图像水印为 W，大小为 $l \times l$。彩色图像水印算法考虑将二值图像水印 W 嵌入彩色图像 g。根据性质 1，我们考虑将 g 表示为四元数辛分解形式，将 W 嵌入 g 的四元数变换域的 T_2 和 T_3 部分。图 7-1 和图 7-2 直观地展示了水印的嵌入和提取流程图。具体的算法描述如下。

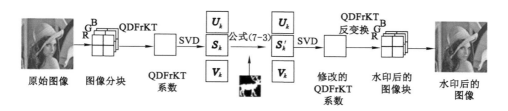

图 7-1　基于 QDFrKT 的水印嵌入流程

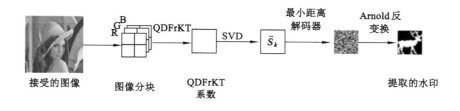

图 7-2　基于 QDFrKT 的水印提取流程

7.1 水印的嵌入

首先,为了增加水印的安全性,原始二值水印图像需要进行加密。这里,我们采用常见的 Arnold 置乱算法,将 W 加密为 W_1。假设 (x,y) 为原像素的位置,(x',y') 为置乱后的像素的位置,则 Arnold 置乱算法定义的置乱前后像素的对应关系为:

$$\begin{bmatrix} x' \\ y' \end{bmatrix} = \left[\begin{bmatrix} a_{11} & a_{12} \\ a_{21} & a_{22} \end{bmatrix} \begin{bmatrix} x \\ y \end{bmatrix} + \begin{bmatrix} e_1 \\ e_2 \end{bmatrix} \right] \mathrm{mod}(l) \tag{7-1}$$

其中,$a_{11},a_{12},a_{21},a_{22},e_1,e_2$ 为置乱参数,满足

$$\begin{vmatrix} a_{11} & a_{12} \\ a_{21} & a_{22} \end{vmatrix} = 1 \tag{7-2}$$

在实验中,我们选取的置乱参数为 $a_{11}=1,a_{12}=1,a_{21}=1,a_{22}=2$,且 $(e_1,e_2)=(0,0)$。值得一提的是,这些参数可以作为水印提取时的密钥来增强水印的安全性。

然后,采用原始图像分块的方式嵌入水印。将原始图像 g 分成互不重叠的 8×8 大小的图像块,在每个图像块中嵌入 1 比特的水印。嵌入方法为,先将图像块进行 QDFrKT 变换,得到四元数变换域,再对四元数变换域的 T_2 或 T_3 通道执行 SVD 分解,得到奇异值,将 1 比特的水印采用扰动调制的方法嵌入最大的奇异值中。假设第 k 个图像块奇异值分解后得到左右奇异向量矩阵 U_k,V_k 和奇异值矩阵 S_k,水印嵌入的公式表达为

$$s'(k) = \begin{cases} 2\Delta \times \mathrm{round}\left(\dfrac{s(k)}{2\Delta}\right) + \dfrac{\Delta}{2}, & w_1(k)=1 \\ 2\Delta \times \mathrm{round}\left(\dfrac{s(k)}{2\Delta}\right) - \dfrac{\Delta}{2}, & w_1(k)=0 \end{cases} \tag{7-3}$$

其中,Δ 为量化步长,$\mathrm{round}(\cdot)$ 为四舍五入操作,$w_1(k)$ 为置乱后水印的第 k 个比特。$s(k)$ 和 $s'(k)$ 分别为原始奇异值和修改后的奇异值。

最后,组合左右奇异向量矩阵和奇异值矩阵,得到修改后的图像块的 QDFrKT 四元数变换域 $T'(k)$,

$$T'(k) = U_k S'_k V_k^{\mathrm{T}} \tag{7-4}$$

然后,对 $T'(k)$ 进行 QDFrKT 反变换,得到嵌入水印后的图像。

7.2　水印的提取

在水印提取时,提取者必须拥有水印的置乱参数,量化步长 Δ 作为密钥,假设输入的图像为 $\tilde{g}$,提取过程可以看作水印嵌入过程的逆过程。

首先将输入图像 $\tilde{g}$ 分割为 8×8 大小的不重叠的图像块,并且计算每个图像块的 QDFrKT 变换域。

然后,对每个图像块 QDFrKT 变换域的通道执行 SVD 分解。假设 $\tilde{s}(k)$ 为第 k 个图像块的第 1 个奇异值,采用最小距离解码器[199](Minimum Distance Decoder)从该图像块提取水印比特,提取公式为

$$\widetilde{w}(k) = \arg_{\sigma \in \{0,1\}} \min(\tilde{s}_\sigma(k) - \tilde{s}(k)) \tag{7-5}$$

其中,$\widetilde{w}(k)$ 为提取的提取的水印比特,$\tilde{s}_\sigma(k)$ 定义为

$$\tilde{s}_\sigma(k) = \begin{cases} 2\Delta \times \text{round}\left(\dfrac{\tilde{s}(k)}{2\Delta}\right) + \dfrac{\Delta}{2}, & \sigma = 1 \\[3mm] 2\Delta \times \text{round}\left(\dfrac{\tilde{s}(k)}{2\Delta}\right) - \dfrac{\Delta}{2}, & \sigma = 0 \end{cases} \tag{7-6}$$

最终,对提取的水印 $\widetilde{w}$ 进行逆 Arnold 置乱解密,得到有意义的明文水印。可以通过提取的水印直观地来鉴定彩色图像的版权或所有权。

7.3　图像水印实验结果和分析

本实验证实了所提出的基于 QDFrKT 的彩色图像水印算法的有效性。根据水印算法,其处理图像的长度和高度可以不相等;为了实验的简便性,我们选取了图像长度和高度相等的彩色图像。具体地,在测试图像中,原始载体图像是 Granada 大学的彩色图像库,其中包含 83 幅彩色图像,图像大小为 256×256;水印是 MPEG7 图像库中选取的两幅二值图像,图像大小为 64×64。图 7-3 展示了部分原始载体图像和水印的示例。

在第一个实验中,我们测试了水印的不可见行,并且通过实验确定了水印嵌入中合适的量化步长 Δ。首先,测试了不同的量化步长 Δ 和 QDFrKT

(a) Lena 图像　　(b) Bees 图像　　(c) Aircraft 图像　　(d) Car 图像　　(e) Hut 图像

(f) Island 图像　　(g) Flower 图像　　(h) Parrot 图像　　(i) Deer 水印　　(j) Cup 水印

图 7-3　测试原始图像样例和水印

分数阶数对嵌入水印后图像中水印的不可见性的影响。我们代表性地选取了分数阶数 $(\alpha,\beta)=(0.4,0.2),(0.4,0.4),(0.4,0.6),(0.4,0.8)$，然后计算不同分数阶数下基于 QDFrKT 水印算法嵌入水印后图像的 PSNR 和 SSIM 值，同时与基于 QDFrFT 的算法、基于 DFrKT 的算法相比较。在基于 DFrKT 算法的实现中，由于我们处理的是彩色图像，然而传统 DFrKT 处理的是灰度图像，所以，在 DFrKT 算法处理彩色图像时，我们将彩色图像的 RGB 色彩空间转换为 YCbCr 色彩空间，并且在 Y 色彩通道嵌入水印。使用 Lena 图像作为原始图像，Deer 图像作为水印，图 7-4 和图 7-5 分别展示了在分数阶数分别取 $(\alpha,\beta)=(0.4,0.2),(0.4,0.4),(0.4,0.6),(0.4,0.8)$ 时，嵌入水印后的图像的 PSNR 值和 SSIM 值随着量化步长 Δ 从 2 到 70 递增的变化情况。可以发现，随着 Δ 的增加，水印后的图像的 PSNR 值和 SSIM 值也增加，而且，不同的分数阶数对水印的不可见性的影响较小。事实上，当量化步长 $\Delta=50$、QDFrKT 的分数阶阶数 (α,β) 为 $(0.4,0.2),(0.4,0.4),(0.4,0.6),(0.4,0.8)$ 的情况下，水印后图像的 PSNR 值分别为 39.402 3 dB, 38.864 3 dB, 39.244 5 dB, 39.191 3 dB。而且，在相同量化步长的情况下，基于 DFrKT 的水印算法对图像嵌入水印后，图像的 PSNR 值小于我们提出的算法。事实上，当量化步长 $\Delta=26$、$(\alpha,\beta)=(0.4,0.4)$ 时，基于 DFrKT 的方法生成的水印后的图像的 PSNR 为 39.271 7 dB。

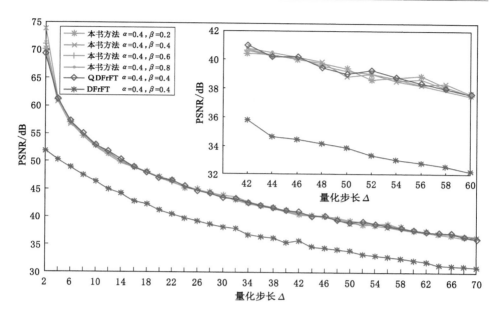

图 7-4　不同阶数 QDFrKT 下的水印图像的 PSNR 值随量化步长变换的情况

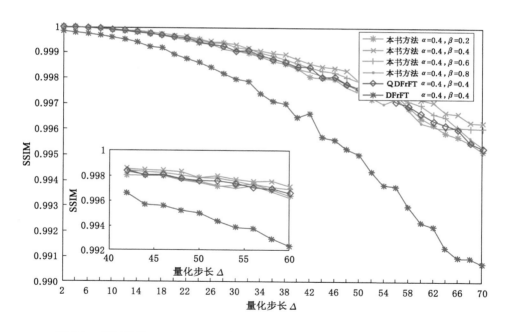

图 7-5　不同阶数 QDFrKT 下的水印图像的 SSIM 值随量化步长变换的情况

表 7-1 给出了在 $\Delta=10,30,50,70$ 时,嵌入水印后的 Lena 图像的示例及其相应的 PSNR 和 SSIM 值。从表 7-1 可知,在相同的量化步长下,本书所提算法的水印不可见性较优于基于 DFrKT 的方法。

表 7-1　不同量化步长下各种方法的水印后的图像的 PSNR 值(dB)和 SSIM 值比较

方法	$\Delta=10$	$\Delta=30$	$\Delta=50$	$\Delta=70$
本书方法 $\alpha=0.4,\beta=0.4$	PSNR:52.725 4 SSIM:0.999 9	PSNR:43.911 3 SSIM:0.999 3	PSNR:38.864 3 SSIM:0.997 8	PSNR:36.487 3 SSIM:0.996 2
QDFrFT $\alpha=0.4,\beta=0.4$	PSNR:52.903 9 SSIM:0.999 9	PSNR:43.470 9 SSIM:0.999 1	PSNR:39.031 1 SSIM:0.997 6	PSNR:36.161 8 SSIM:0.995 3
DFrKT $\alpha=0.4,\beta=0.4$	PSNR:46.337 7 SSIM:0.999 6	PSNR:38.174 5 SSIM:0.997 9	PSNR:33.890 4 SSIM:0.995 0	PSNR:31.043 6 SSIM:0.990 7

接下来,我们测试了所提算法的鲁棒性。为了验证所提算法的鲁棒性,所提算法与目前几类较优的算法进行了比较,这些算法包括:Chen 的基于 QDFrFT 的算法[200]、Hu 的基于 SVD 的方法[201]和基于 DFrKT 的算法[202]。一般而言,为了保证嵌入水印后的图像的质量,不影响日常的应用,要求图像的 PSNR 值大于39 dB[203,204]。而且,水印后图像的质量和水印的鲁棒性是两个需要权衡的条件,也就是说,PSNR 值越高,适用的量化步长越小,同时水印的鲁棒性就越

差。因此，为了进行较公平的比较，我们选取水印后的图像的 PSNR 值为 39 dB 左右，在此前提下进行水印鲁棒性的测试。实验中，我们对嵌入水印后的图像加入了不同强度的图像攻击（包括滤波、噪声、压缩、几何攻击等，详见表 7-2），然后在受攻击的图像中提取水印来验证所提出的水印算法的鲁棒性。本实验中，选取的分数阶阶数是 $(\alpha,\beta)=(0.4,0.4)$。首先，我们将 Lena 作为原始载体图像，Deer 作为水印，然后对嵌入水印后的图像进行各种图像攻击，并从受攻击后的图像中提取水印。各种攻击下提取的水印示例及其 BER 值见表 7-3。从表 7-3可知，与基于 QDFrFT 的方法和基于 SVD 的方法相比，基于 QDFrKT 的水印算法在多数的攻击条件下均有较小的 BER 值，说明本书所提算法具有较优的鲁棒性能。

表 7-2　测试的图像攻击列表

攻击类型	参数
中值滤波	滤波核大小：$3\times3,5\times5,7\times7$
均值滤波	滤波核大小：$3\times3,5\times5,7\times7$
高斯噪声	噪声方差：$0.002,0.004,0.006$
JPEG 压缩	质量参数：$90,80,70$
高斯模糊	标准差：$0.5,1,1.5$
缩放	缩放参数：$0.9,1.1,1.3$
旋转	旋转角度：$25°,50°,75°$
裁剪	左上角裁剪行数：$32,64,128$

表 7-3　一些提取水印及其 BER 值示例（Lena 为原始图像）

攻击类型	中值滤波 3×3	均值滤波 3×3	高斯噪声 0.04	JPEG 压缩 70	高斯模糊 1.5	缩放 0.9	旋转 50°	裁剪 128
Hu 方法	0.453 5	0.483 4	0.185 9	0.054 4	0.362 0	0.161 1	0.115 2	0.127 9
Chen 方法	0.300 8	0.317 4	0.143 6	0.282 2	0.398 4	0.177 3	0.133 8	0.171 9

表 7-3(续)

攻击类型	中值滤波 3×3	均值滤波 3×3	高斯噪声 0.04	JPEG 压缩 70	高斯模糊 1.5	缩放 0.9	旋转 50°	裁剪 128
DFrKT 方法	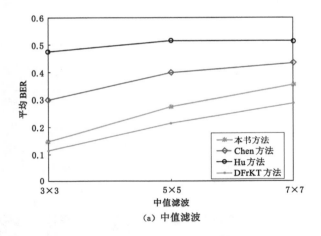							
	0.047 9	0.122 1	0.037 2	0	0.25	0.162 1	0.125 0	0.136 7
本书方法								
	0.075 2	0.149 4	0.126 0	0.063 5	0.074 2	0.163 1	0.118 2	0.169 9

为了进一步验证所提算法的鲁棒性,我们使用了测试图像数据集中所有的 83 幅彩色图像和 2 幅水印生成 166 个载体图像和水印测试集。然后对每个后的图像进行图像攻击,并从被攻击的图像中提取水印。图 7-6 和图 7-7 分别给出了不同的攻击情况下,提取水印的平均 BER 值和平均 NC 值的变化。

图 7-6 不同攻击下提取水印的平均 BER 值

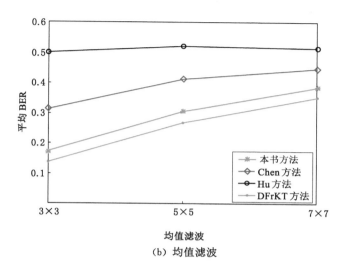

（b）均值滤波

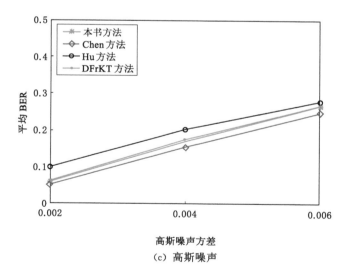

（c）高斯噪声

图 7-6（续）

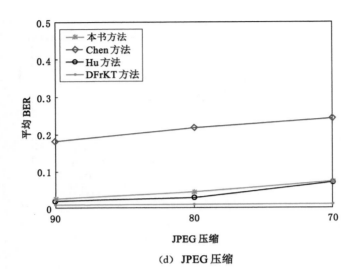

（d）JPEG 压缩

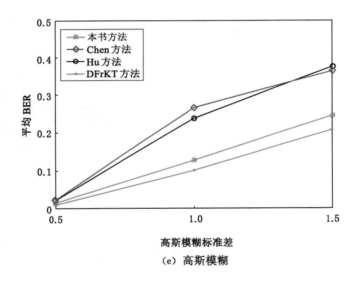

（e）高斯模糊

图 7-6（续）

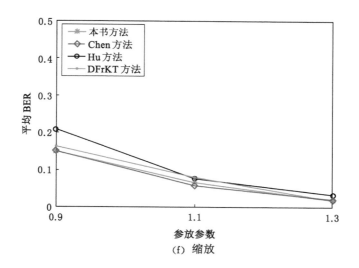

（f）缩放

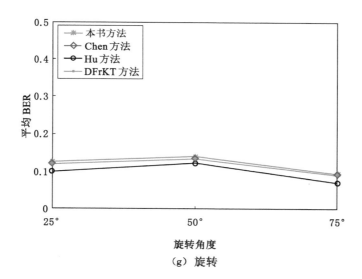

（g）旋转

图 7-6（续）

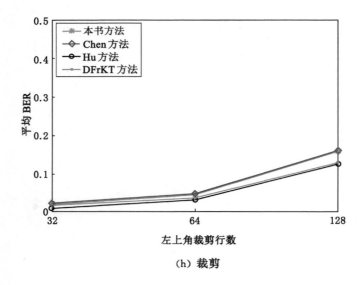

（h）裁剪

图 7-6（续）

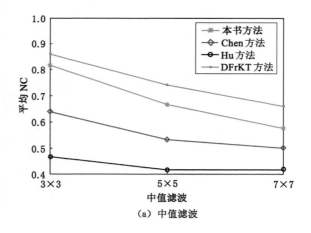

（a）中值滤波

图 7-7　不同攻击下提取水印的平均 NC 值

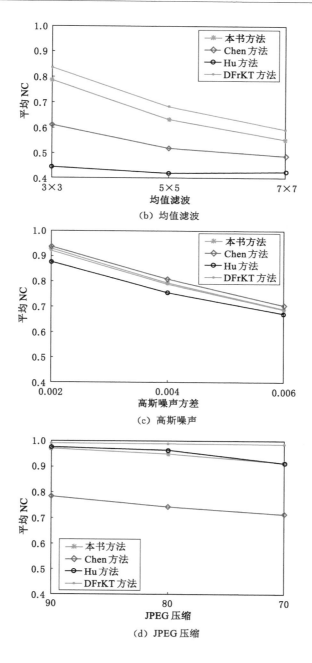

（b）均值滤波

（c）高斯噪声

（d）JPEG 压缩

图 7-7（续）

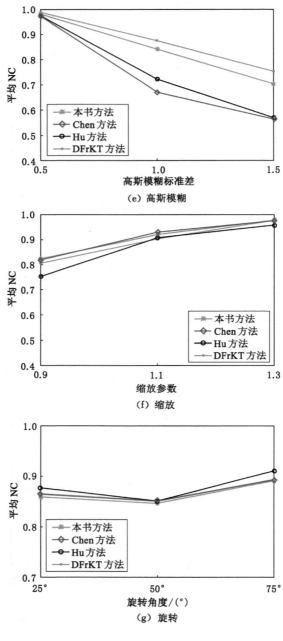

图 7-7(续)

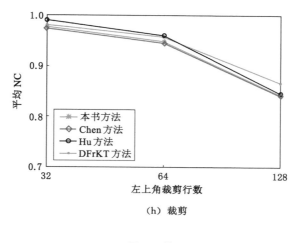

（h）裁剪

图 7-7（续）

图 7-6 和图 7-7 进一步说明，基于 QDFrKT 的水印算法对于大多数攻击情况，如中值滤波、平均滤波、高斯滤波、缩放等，都有较低的 BER 值和较高的 NC 值。

通过进一步分析，Hu 的方法在 JPEG 压缩方面表现出了更强的鲁棒性，这是由于 Hu 的方法通过修改图像的第一个奇异向量的两个值来嵌入水印，奇异向量通常描述图像的结构信息，从而减少了 JPEG 压缩的影响。此外，可以发现多数攻击情况下，基于 DFrKT 的方法比我们的方法获得了更好的性能。但是它只是将水印信息嵌入图像的一个通道中，没有对彩色图像的色彩信息整体处理，而且，当变换域是复数的 DFrKT 系数修改后进行反变换得到实数值的图像时，需要额外的存储空间来保存用于提取水印的虚数部分。

7.4　本章小结

本章提出了基于四元数离散分数阶 Krawtchouk 变换的彩色图像水印算法。我们采用辛分解的四元数离散分数集 Krawtchouk 变换的计算形式，考虑将水印嵌入 T_2 或 T_3 部分避免了修改变换域系数后进行反变换时存在信息损失的问题。另外，与传统分数阶 Krawtchouk 处理彩色图像相比，所提算法可以对彩色图像的像素值整体处理,考虑了彩色图像各个颜色通道像素值的关系。而且,在多数的图像攻击情况下,如中值滤波、均值滤波、高斯模糊、图像缩放等攻击,与基于四元数离散分数阶 Fourier 变换、SVD 等处理彩色图像的水印算法相比,所提算法均有较高的鲁棒性。

第 8 章　基于四元数离散 Fourier 变换和 SVD 分解的彩色图像零水印算法

8.1　SVD 分解

奇异值分解用于对角化处理二维矩阵。它将矩阵分解成奇异值和奇异向量的形式。对于一幅 $P \times Q$ 像素的灰度图像,如果将它看作 P 行 Q 列的二维矩阵 A,则 A 的奇异值分解为[205,206]

$$A = USV^{\mathrm{T}} \tag{8-1}$$

其中,$A \in R^{P \times Q}$,$U \in R^{P \times P}$,$S \in R^{P \times Q}$,$V \in R^{Q \times Q}$。矩阵 U,V 分别称为左奇异向量和右奇异向量,满足如下正交关系:

$$UU^{\mathrm{T}} = U^{\mathrm{T}}U = I_{P \times P} \tag{8-2}$$

$$VV^{\mathrm{T}} = V^{\mathrm{T}}V = I_{Q \times Q} \tag{8-3}$$

其中,I 表示单位阵。另外,如果对 A 和它的转置 A^{T} 作乘法,$A^{\mathrm{T}}A$ 和 AA^{T} 可分别表示为

$$A^{\mathrm{T}}A = (USV^{\mathrm{T}})(USV^{\mathrm{T}}) = VS^{\mathrm{T}}U^{\mathrm{T}}USV^{\mathrm{T}} = V(S^{\mathrm{T}}S)T^{\mathrm{T}} \tag{8-4}$$

$$AA^{\mathrm{T}} = (USV^{\mathrm{T}})(USV^{\mathrm{T}})^{\mathrm{T}} = USV^{\mathrm{T}}VS^{\mathrm{T}\mathrm{T}} = U(SS^{\mathrm{T}}U)^{\mathrm{T}} \tag{8-5}$$

于是,V 每一列为 $A^{\mathrm{T}}A$ 的特征向量,U 的每一列为 AA^{T} 的特征向量,并且 A 的奇异值的平方等于特征值的平方。另外,S 称为奇异值矩阵,它是一个对角矩阵,主对角元素为 A 的奇异值

$$S = \begin{bmatrix} S_{\mathrm{r}} & 0 \\ 0 & 0 \end{bmatrix} \tag{8-6}$$

这里,$S_{\mathrm{r}} = \mathrm{diag}(\lambda_1, \lambda_2, \cdots, \lambda_r)$ 实对角矩阵,λ_i 为 S 的非零奇异值,满足 $\lambda_1 \geqslant \lambda_2 \geqslant \cdots \geqslant \lambda_r > 0$。于是,$A$ 的奇异值分解也可表示为

$$A = \sum_{i=1}^{r} \lambda_i \boldsymbol{u}_i \boldsymbol{v}_i^{\mathrm{T}} \qquad (8\text{-}7)$$

式中，$\boldsymbol{u}_i$，$\boldsymbol{v}_i$ 分别表示 U 和 V 的第 i 列。

在图像处理中，一幅图像的奇异值分解具有如下特性：

（1）奇异值具有很好的稳定性。如果对图像 A 增加一个小的扰动，则奇异值的变化很小。

（2）奇异值描述了图像的亮度信息，左右奇异向量描述了图像的纹理信息。

（3）由于 $\lambda_1 \geqslant \lambda_2 \geqslant \cdots \geqslant \lambda_r > 0$，所以在图像的重建中，随着 i 的增大，λ_i 对重建图像的重要性越来越小。

鉴于奇异值的以上特殊性质，奇异值分解已被应用于图像压缩、图像水印等领域。

8.2　视觉加密

视觉加密又称视觉密码共享（Visual Secret Sharing，VSS），由 Noar 和 Shami 于 1995 年提出[207]。以 (k, n)-VSS 方案为例，其作用是将一幅图像的每个像素分成 n 个像素块，最终将一幅图像加密成 n 份（称为分享份）。在解密时，只有获得至少 k 个分享份时，才能获得原始图像的信息。而且，将这些分享份印到透明胶片上，通过至少 k 个叠加即可用肉眼观察到原始图像信息。本章算法中，我们选取了 $(2,2)$-VSS 视觉密码方案，因为采用该方案有助于增强水印的鲁棒性[208]。

下面以 $(2,2)$-VSS 方案加密二值图像为例，直观地给出了视觉加密算法的加密解密结果。图 8-1 给出了 $(2,2)$-VSS 视觉密码方案实例。其中白色方块表示像素 1，黑色方块表示像素 0。如果原始像素为 1，则分享份 1 和分享份 2 分别可以从对应的六种选取方案中随机选取一种作为加密的像素块。如果原始像素为 0，可以采用类似的方法生成两个分享份。最后对分享份 1 和分享份 2 采取"ADD"的逻辑操作，可以得到解密的图像。图 8-2 是对原始二值图像[211][图 8-2(a)]采取以上视觉加密方案得到的加密解密结果。对原始图像加密后，分别得到分享份 1[图 8-2(c)]和分享份 2[图 8-2(c)]。从图中可以看出，我们得不到原始图像的任何信息。并且如果我们将两个分享份只叠加部分像素，也得不到原始图像的信息[图 8-2(c)]。只有将两个分享份完全地叠加在一起［图 8-2(d)］,才可以得到原始图像的信息。

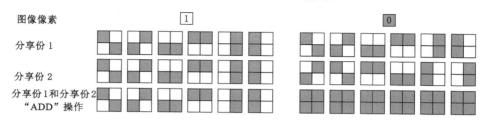

图 8-1　一种(2,2)-VSS 视觉密码方案

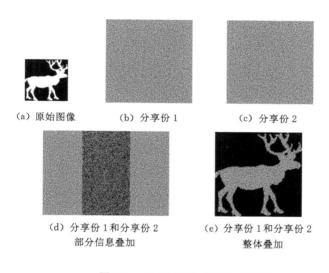

图 8-2　(2,2)-VSS 视觉加密实例

8.3　结合 SVD 和视觉加密的彩色图像水印算法

通过分析基于视觉加密的鲁棒性零水印算法,我们知道,从一幅图像中选取一组鲁棒的特征对水印算法的结果至关重要。结合奇异值稳定的特性,可以考虑将彩色图像分块,然后对每个三维像素块进行四元数离散 Fourier 变换,并对其模进行奇异值分解,然后用每块的奇异值作为特征来生成图像的整体特征。最终结合视觉加密算法将构建图像的零水印用于图像的版权认证。下面给出了

所提的彩色图像水印算法,图 8-3 和图 8-4 描述了算法的具体流程。

8.3.1 零水印构造

假设待认证的图像 A 是像素为 $N \times N$ 的 RGB 彩色图像,水印 W 为 $m \times m$ 大小的 0-1 矩阵(随机矩阵或者有意义的二值图像)。通过构造零水印,最终生成一组与原始图像和水印都相关的特征,称之为校验特征,并加盖时间戳后储存于认证机构。

具体步骤如下:

(1) 分别对彩色图像 A 的三个通道进行 DWT 变换,得到低频系数 LL 和其他三个高频系数 LH、HL、HH。

(2) 将低频系数 LL 分层 $4 \times 4 \times 3$ 的像素块。

(3) 随机选取 m^2 个像素块。这里选取的位置信息可以作为水印的密钥 K,用于水印后图像的验证。

(4) 对每个 $4 \times 4 \times 3$ 大小的像素块进行四元数离散 Fourier 变换,假设 $B_{i,j}$ 为选取的像素块,则该块的变换系数记为 $X_{i,j}$。

(5) 对每个四元数矩阵块 $X_{i,j}$ 的模值进行 SVD 分解。

(6) 取每块 $X_{i,j}$ 模的第一个奇异值,组成一个大小为 $m \times m$ 的矩阵 D。

(7) 通过阈值法将 D 转化为二值矩阵 $\bar{D}$:

$$\bar{D}_{i,j} = \begin{cases} 0, \boldsymbol{D}_{i,j} < D_{\mathrm{avg}} \\ 1, \boldsymbol{D}_{i,j} \geqslant D_{\mathrm{avg}} \end{cases} \tag{8-8}$$

其中,D_{avg} 表示 D 所有元素的平均值。

(8) 然后预先生成水印图像的第一个分享份,记为 M,其大小为 $2m \times 2m$。

$$\boldsymbol{M}_{ij} = \begin{cases} \begin{bmatrix} 1 & 0 \\ 0 & 1 \end{bmatrix}, \bar{\boldsymbol{D}}_{i,j} = 1 \\ \begin{bmatrix} 0 & 1 \\ 1 & 0 \end{bmatrix}, \bar{\boldsymbol{D}}_{i,j} = 0 \end{cases} \tag{8-9}$$

(9) 通过分享份 M 和水印图像 W,根据如下规则生成水印图像的另一个分享份,记为 O:

如果 $W_{i,j} = 1$ 并且 $M_{i,j} = \begin{bmatrix} 1 & 0 \\ 0 & 1 \end{bmatrix}$,则 $O_{i,j} = \begin{bmatrix} 1 & 0 \\ 0 & 1 \end{bmatrix}$;

如果 $W_{i,j} = 1$ 并且 $M_{i,j} = \begin{bmatrix} 0 & 1 \\ 1 & 0 \end{bmatrix}$,则 $O_{i,j} = \begin{bmatrix} 0 & 1 \\ 1 & 0 \end{bmatrix}$;

如果 $\boldsymbol{W}_{i,j}=0$ 并且 $\boldsymbol{M}_{i,j}=\begin{bmatrix} 1 & 0 \\ 0 & 1 \end{bmatrix}$，则 $\boldsymbol{O}_{i,j}=\begin{bmatrix} 0 & 1 \\ 1 & 0 \end{bmatrix}$；

如果 $\boldsymbol{W}_{i,j}=0$ 并且 $\boldsymbol{M}_{i,j}=\begin{bmatrix} 0 & 1 \\ 1 & 0 \end{bmatrix}$，则 $\boldsymbol{O}_{i,j}=\begin{bmatrix} 1 & 0 \\ 0 & 1 \end{bmatrix}$。

其中，$\boldsymbol{W}_{i,j}$ 表示水印图像 (i,j) 位置处的水印比特。$\boldsymbol{M}_{i,j}$ 表示将 $\boldsymbol{M}$ 分为 2×2 的像素块后 (i,j) 位置处的像素块。

最后，$\boldsymbol{O}$ 作为验证信息注册于认证机构，用于图像的认证。

零水印构造的流程如图 8-3 所示。

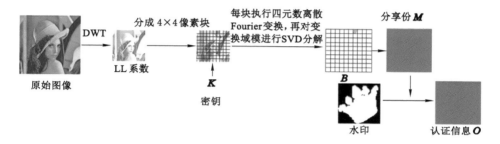

图 8-3　零水印构造的流程

8.3.2　零水印验证

假设认证机构收到用户待认证的图像 $\boldsymbol{A}^*$，用户提交密钥 $\boldsymbol{K}$ 后，认证机构用图像 $\boldsymbol{A}^*$ 按照零水印构造中的步骤(1)～步骤(8)生成水印的第一个分享份，记为 $\boldsymbol{M}^*$。然后 $\boldsymbol{M}^*$ 与存储的 $\boldsymbol{O}$ 进行"AND"逻辑操作得到含水印信息的图像用于认证。具体步骤如下：

（1）输入图像 $\boldsymbol{A}^*$，根据零水印生成过程中的步骤(1)～步骤(8)，得到水印图像的第一个分享份 $\boldsymbol{M}^*$。

（2）将 $\boldsymbol{M}^*$ 与认证机构存储的 $\boldsymbol{O}$ 作"AND"逻辑操作得到叠加后的图像 $\boldsymbol{T}^*$。值得注意的是，如果 $\boldsymbol{A}^*$ 为受保护的图像，则生成的叠加图像 $\boldsymbol{T}^*$ 含水印信息。但是 $\boldsymbol{T}^*$ 的长宽像素均为原始水印的两倍。

（3）为了得到与原始水印同样大小的水印信息，可以对 $\boldsymbol{T}^*$ 进行降采样。将 $\boldsymbol{T}^*$ 分为 2×2 大小的像素块，假设 $\boldsymbol{T}^*_{i,j}$ 表示位置 (i,j) 处的像素块，则最后生成的水印为

$$\boldsymbol{W}^*_{i,j}=\begin{cases} 0, & \boldsymbol{T}^{\text{sum}}_{i,j}<2 \\ 1, & \boldsymbol{T}^{\text{sum}}_{i,j}\geqslant2 \end{cases} \tag{8-10}$$

最终，可以通过提取的水印 W^* 来确定图像的所有权。也就是说，如果水印图像为有意义的二值图像，则可以直接用肉眼判断是否得到水印信息；如果水印为伪随机序列，则可以通过判断 W^* 与原始水印 W 的相似度来确定图像是否被保护。

零水印验证的流程如图 8-4 所示。

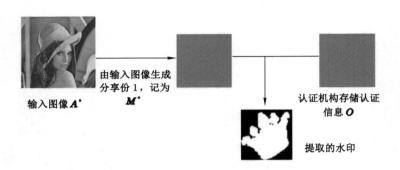

输入图像 A^*　　由输入图像生成分享份 1，记为 M^*　　认证机构存储认证信息 O

提取的水印

图 8-4　零水印验证的流程

8.4　实验结果和分析

本节目的是验证所提零水印算法的鲁棒性。因为基于 SVD 分解的水印算法容易导致误检（False Positive Detection）的情况，所以在验证鲁棒性之前，我们首先通过实例验证了所提算法的有效性，然后验证算法抵抗各种常见图像处理攻击的能力，并采用了 BER 来客观地评价算法的鲁棒性。

在本实验中，我们选取了 USC-SIPI 彩色图像库[209]，库中的 15 幅 512×512 大小图像作为原始图像（部分图像见图 8-5）。对于水印的选取，通常可以选取两种类型：一种是一个伪随机的序列，另一种是二值图像标志。对于伪随机序列，通常需要比较提取水印与原始水印之间的相关性来进行验证，然而相关性评价的阈值很难给出统一的确定方案。有意义水印（如二值图像标志）可以用人眼来判断提取的水印是否有意义，所以书中将水印选取为二值图像[210]。实验中，选取 MPEG-7 图像库[211]中的 7 幅 64×64 大小二值图像作为有意义水印，包括"Crown""Butterfly""Deer"等（图 8-5）。

图 8-5　一些原始图像和水印图像实例

8.4.1　误检性分析

在本实验中,首先选取 Crown 图像为水印图像,用来生成 Lena 图像的验证信息,并用验证信息提取水印。图 8-6 显示了水印算法中的分享份 M,认证信息 O 和叠加后得到的水印信息。可以看出,单独的观察 M 和 O 都得不到水印的任何信息。然而,当 M 与 O 叠加后,可以观察出水印的信息。在对叠加图像采样后,我们获得了原始水印(此时,BER=0)。另外,如果考虑用 O 在 Peppers 图像提取水印,图 8-6(e)~(f) 显示了获得的水印信息。此时,观察不到任何 Crown 图像的水印信息(此时,BER=0.551 5)。

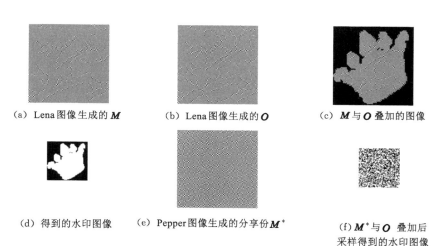

（a）Lena 图像生成的 M　　　（b）Lena 图像生成的 O　　　（c）M 与 O 叠加的图像

（d）得到的水印图像　　（e）Pepper 图像生成的分享份 M^*　　（f）M^* 与 O 叠加后采样得到的水印图像

图 8-6　Lena 图像零水印验证实例及误检实例

更进一步,我们随机生成一幅二值序列,然后用该随机序列生成 Lena 图像的验证信息 O 后,考虑选取 15 幅原始图像,分别用 O 提取水印生成验证信息。

图 8-7 给出了每幅图像提取水印的 BER 值,其中,横坐标为 8 的位置对应于原始 Lena 图像。可以看出,用原始图像提取水印的 BER 值与其他图像的 BER 值区分很明显,而且很难从与 O 所对应的原始图像中获得水印信息,表明所提水印算法不存在常见 SVD 算法中误检的情况。

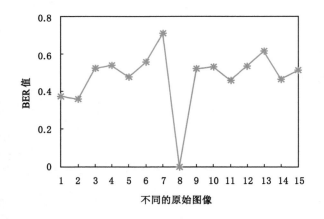

图 8-7　用 Lena 图像的认证信息 O 提取其他图像的水印信息

(BER＝8 时表示原始 Lena 图像提取的水印)

8.4.2　鲁棒性分析

本实验中,我们将每幅二值图像分别与 15 幅彩色原始图像组合用于生成图像的零水印,总共生成 105 个实验组合。然后对每个组合保护后的图像进行常见的图像处理攻击,并提取水印来分析算法的鲁棒性。以 Crown 水印保护的 Lena 图像为例,表 8-1 给出了本书方法与 Chang 方法[212]、Rawat 方法[213]的抗水印攻击的能力(图 8-8)。并在表 8-2 中给出了本书算法提取水印的实例。另外,图 8-7 给出了所有组合在不同水印攻击下的 BER 平均值。可以看出,本书算法在各种攻击下,均能提取出水印信息。并且在多数情况下,BER 值均小于相比较的方法。

表 8-1　各种攻击下的 BER 值比较(Lena 图像,Crown 水印)

攻击类型	Chang 的方法	Rawat 的方法	本书方法
中值滤波 3×3	0.004 4	0.005 7	0.001 5
中值滤波 5×5	0.011 2	0.014 2	0.003 2
中值滤波 7×7	0.021 7	0.020 3	0.004 4
均值滤波 3×3	0.004 9	0.009 8	0.002 9
均值滤波 5×5	0.023 9	0.016 6	0.008 3
均值滤波 7×7	0.036 4	0.038 6	0.015 1
椒盐噪声密度 0.01	0.007 6	0.016 7	0.006 8
椒盐噪声密度 0.02	0.017 6	0.032 8	0.014 4
椒盐噪声密度 0.03	0.023 2	0.047 6	0.012 2
高斯噪声方差 0.006	0.027 8	0.038 6	0.015 4
高斯噪声方差 0.008	0.027 3	0.041 9	0.011 2
高斯噪声方差 0.010	0.023 4	0.042 6	0.011 2
高斯模糊偏差 2	0.018 6	0.019 6	0.005 6
高斯模糊偏差 3	0.033 2	0.035 4	0.012 0
高斯模糊偏差 4	0.040 8	0.048 5	0.022 5
图像锐化半径 2	0.016 1	0.014 9	0.007 3
图像锐化半径 3	0.025 9	0.021 6	0.011 2
图像锐化半径 4	0.027 3	0.027 3	0.015 6
图像裁剪 1/6	0.036 9	0.056 6	0.024 7
图像裁剪 1/4	0.060 1	0.067 7	0.066 2
图像裁剪 1/2	0.207 8	0.224 1	0.143 3
JPEG 压缩因子 90	0.002 0	0.008 2	0.002 2
JPEG 压缩因子 70	0.004 4	0.015 3	0.003 2
JPEG 压缩因子 50	0.006 1	0.015 1	0.007 1

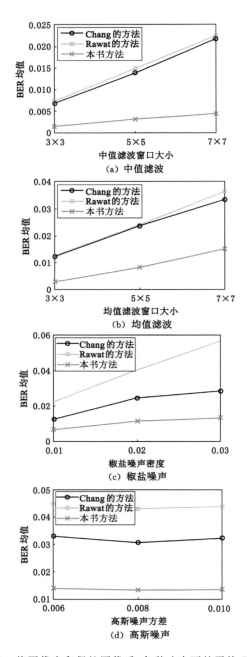

图 8-8　以二值图像水印保护图像后,各种攻击下的平均 PSNR 值

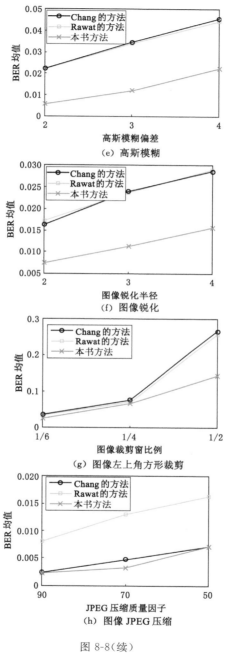

（e）高斯模糊

（f）图像锐化

（g）图像左上角方形裁剪

（h）图像 JPEG 压缩

图 8-8（续）

表 8-2　所提算法各种攻击下提取的水印

攻击类型	无攻击	中值滤波 3×3	中值滤波 5×5	中值滤波 7×7	均值滤波 3×3
提取的水印					
BER	0	0.001 5	0.003 2	0.004 4	0.002 9
攻击类型	均值滤波 5×5	均值滤波 7×7	椒盐噪声 密度=0.01	椒盐噪声 密度=0.02	椒盐噪声 密度=0.03
提取的水印					
BER	0.008 3	0.015 1	0.006 8	0.014 4	0.012 2
攻击类型	高斯噪声 方差=0.006	高斯噪声 方差=0.008	高斯噪声 方差=0.01	高斯模糊 偏差=2	高斯模糊 偏差=3
提取的水印					
BER	0.015 4	0.011 2	0.011 2	0.005 6	0.012 0
攻击类型	高斯模糊 偏差=4	图像锐化 半径=2	图像锐化 半径=3	图像锐化 半径=4	裁剪 1/6
提取的水印					
BER	0.022 5	0.007 3	0.011 2	0.015 6	0.024 7
攻击类型	裁剪 1/4	裁剪 1/2	JPEG 压缩 因子=90	JPEG 压缩 因子=70	JPEG 压缩 因子=50
提取的水印					
BER	0.066 2	0.143 3	0.002 2	0.003 2	0.007 1

更具一般性,我们随机生成了 64×64 大小 0-1 矩阵作为水印来验证算法的鲁棒性。分别用该矩阵生成 15 幅彩色图像的验证信息,然后对每幅图像进行各种图像处理攻击后得到提取水印的平均值,结果见图 8-9。从图可以看出,所提算法的 BER 值在多数攻击下要低于已有的方法,从而验证了算法的鲁棒性。

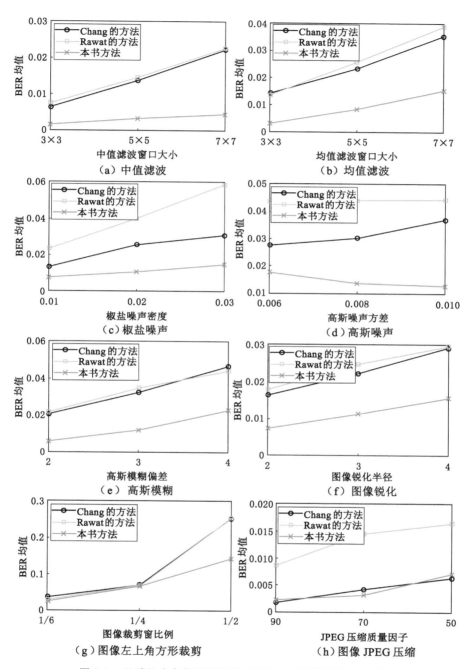

图 8-9　以随机水印保护图像后,各种攻击下的平均 BER 值

8.5　本章小结

　　本章主要对彩色图像零水印算法进行研究。结合四元数离散 Fourier 变换和 SVD 分解,本章首先构造了彩色图像的一组鲁棒的特征,然后利用该特征结合视觉加密算法生成了一组图像和水印的融合特征作为零水印。实验结果表明,所提零水印算法能够更好地抵抗图像的各类攻击。进一步,可以结合彩色图像的几何不变的特征来构造能够抵抗几何攻击的零水印。另外,考虑原始彩色图像被多个拥有者共有所有权的情况,对原始图像生成多个水印认证信息也是值得研究的课题。

第 9 章　基于四元数离散分数阶 Krawtchouk 变换的彩色图像加密算法

9.1　基于 QDFrKT 的彩色图像加密算法

这里,我们将传统复数变换域的双随机相位(Double Random Phase)加密算法[214]扩展到四元数域,提出了基于 QDFrKT 的彩色图像加密算法。假设 f 是大小为 $N \times N$ 的彩色图像的四元数表示,提出的彩色图像加密算法流程如下:

(1) 首先,生成两个随机的四元数矩阵 $N \times N$,记为 r_1, r_2。

(2) 根据 r_1 生成四元数随机相位矩阵 $\mathrm{e}^{\mu 2\pi r_1(x,y)}$,并将其乘以 f,得到

$$g(x,y) = f(x,y)\mathrm{e}^{\mu 2\pi r_1(x,y)}$$

其中,$r_1(x,y), x,y = 0,1,\cdots,N-1$ 为四元数矩阵 r_1 在 (x,y) 位置上的值。

(3) 对 g 执行 QDFrKT 变换,得到变换域 G。

(4) 根据 r_2 生成四元数随机相位矩阵 $\mathrm{e}^{\mu 2\pi r_2(x,y)}$,并将其乘以 G,得到 $H(u, v) = G(u,v)\mathrm{e}^{\mu 2\pi r_2(x,y)}$,其中,$r_0(x,y), x,y = 0,1,\cdots,N-1$ 为四元数矩阵 r_2 在 (x,y) 位置上的值。

(5) 对 H 执行 QDFrKT 变换,得到变换域 h,则 h 为 f 的加密后的图像。

值得注意的是,图像的解密过程是上述图像加密流程的逆向进行。具体的加密和解密过程见图 9-1。

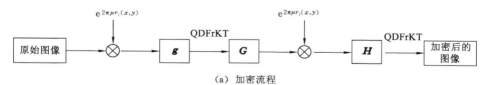

（a）加密流程

图 9-1　基于 QDFrKT 的图像加密、解密流程

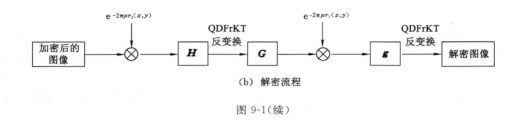

（b）解密流程

图 9-1（续）

9.2 图像加密实验结果和分析

首先，测试加密算法对图像加密后的效果。我们选取了 Granada 大学的彩色图像库进行测试，图像大小为 256×256。图 9-2 展示了部分彩色图像示例。图 9-3 给出了 Lena 图像的加密示例，展示了原始 Lena 图像，加密后的 Lena 图像和解密后的 Lena 图像。可以发现，加密后的 Lena 图像视觉上看不到原始图像的任何信息，而且解密后的 Lena 图像视觉上和原始图像一致。进一步通过定量评价，解密后的 Lena 图像的 PSNR 值为 188.403 1 dB。类似于 Lena 图像的处理过程，图 9-4 展示了 Flower 图像的实验结果，解密后的 Flower 图像的 PSNR 值为 188.524 5 dB。值得注意的是，由于算法的实现过程存在计算误差，比如解密图像的像素值是归一化到[0,1]范围的，所以本算法所解密的图像与原始图像并不完全一致，有一定的信息损失。

（a）Lena 图像   （b）Bees 图像   （c）Flower 图像   （d）Frog 图像

图 9-2 加密算法测试图像

然后，测试加密算法的密钥敏感性。选取 Flower 图像作为测试图像，对 Flower 的加密图像进行解密，解密时，我们对解密的密钥增加了 10^{-9} 的误差后获得解密图像。图 9-4 展示了对 key1 和 key2 分别进行误差扰动后得到的解密图像。可以发现，尽管对解密密钥进行了非常少的扰动，解密后的图像与原图像

（a）原"Lena"图像　　（b）加密的"Lena"图像　　（c）解密的"Lena"图像

图 9-3　加密算法测试 Lena 图像上的测试实例

完全不一样，而且解密后的图像中看不出原始图像中的图像信息。

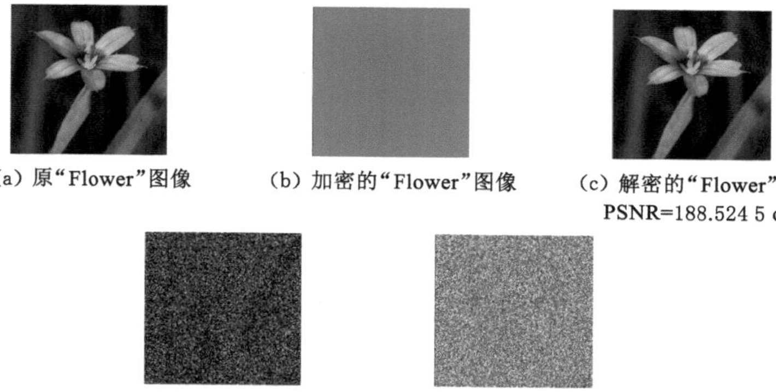

（a）原"Flower"图像　　　（b）加密的"Flower"图像　　（c）解密的"Flower"图像
PSNR=188.524 5 dB

（d）采用错误密钥 key1　　（e）采用错误密钥 key2
　　解密的图像　　　　　　　解密的图像

图 9-4　采用错误密钥解密的实例

　　另外，进行直方图分析实验。图 9-5 展示了原始 Lena 图像和加密后的 Lena 图像的直方图对比。类似地，图 9-6～图 9-8 展示了 Bee 图像、Flower 图像和 Frog 图像原始图像和加密后图像的直方图对比。可以发现，加密图像的直方图和原始图像的直方图有较大的差别，而且不同图像的加密图像的直方图具有相似的直方图，不能够从加密图像的直方图中获得原始图像的信息。值得注意的是，所提算法加密图像的直方图不符合均匀分布的特性，加密图像的直方图具有均匀分布这一特征，通常是基于混沌系统这一类的加密方法。然而，我们所提的算法可以看作双随机相位编码这一类的加密方法，原始图像通常是加密为白噪声图像[214-216]，符合我们的实验结果，即加密图像的直方图具有类似高斯分布的特性。

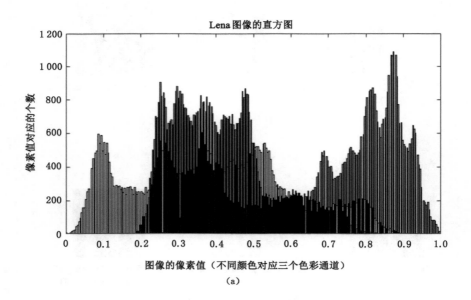

（a）

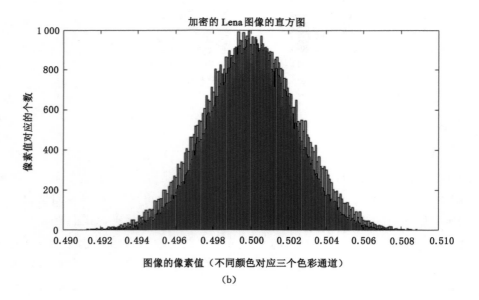

（b）

图 9-5　原图像的直方图和加密图像的直方图对比（Lena 图像）

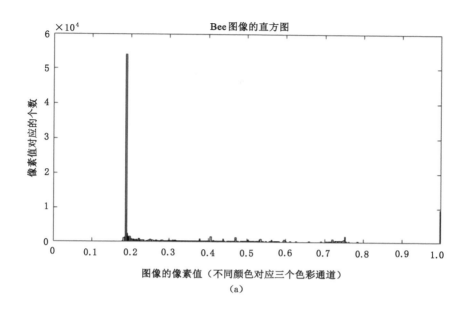

（a）

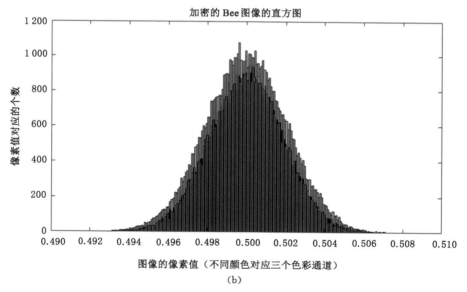

（b）

图 9-6　原图像的直方图和加密图像的直方图对比（Bee 图像）

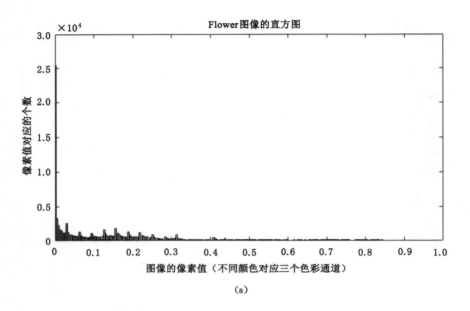

（a）

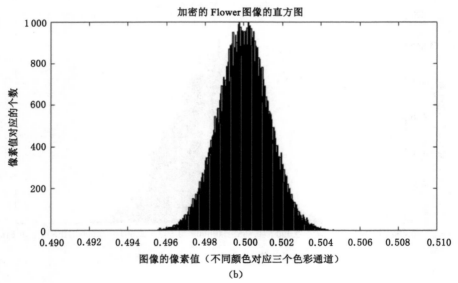

（b）

图 9-7　原图像的直方图和加密图像的直方图对比（Flower 图像）

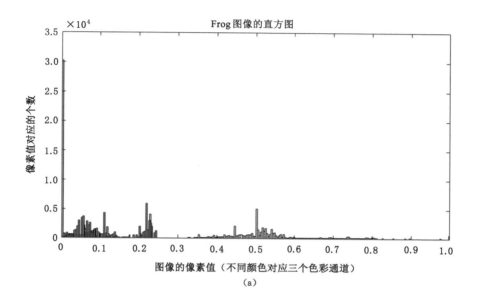

（a）

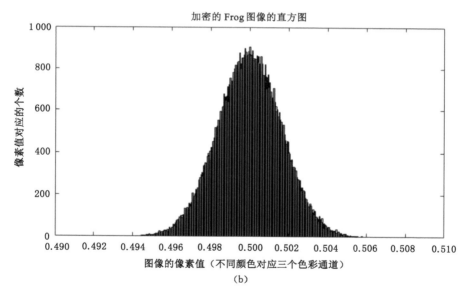

（b）

图 9-8　原图像的直方图和加密图像的直方图对比（Frog 图像）

接下来进行相关性分析实验,加密图像像素间的相关性可以用来衡量加密效果的好坏。实验选取 Lena 图像作为测试图像,然后在原始图像和加密图像上随机选取 1 000 个相邻像素对。相邻像素对的选取方法为:随机选取一个像素点,然后在该点的水平、垂直和对角方向分别选取像素点,组成像素对。以 1 000 个原像素作为横坐标,分别以原像素点水平、垂直和对角三个方向作为纵坐标,得到图 9-9~图 9-11。从图可知,原始图像的像素存在明显的相关性,而加密图像的像素难以发现相关性。进一步证明了本书所提出的加密算法具有一定的安全性。

最后,进行噪声对加密图像攻击的分析。我们对加密的 Lena 图像分别添加了方差为 10^{-4},10^{-6},10^{-8} 的高斯白噪声,然后从受到噪声攻击的加密图像中恢复原始图像,分析恢复原始图像的质量。恢复图像的 PSNR 值见表 9-1,同时给出了所提出算法与基于四元数 Fourier 变换(Quaternion Discrete Fourier Transform,QDFT)[217],四元数离散分数阶 Fourier 变换(Quaternion Discrete Fractional Fourier Transform,QDFrFT)[218] 的比较。根据表 9-1 可知,当高斯白噪声强度达到方差为 10^{-4} 时,基于 QDFrKT 图像加密算法解密后的图像更难识别出来是原始图像,这说明本书所提算法能抵抗较低强度的加密图像噪声攻击。在实际分析中,这一性质可以进一步验证加密图像是否受到一定程度的攻击[214]。

表 9-1　密文图像受高斯噪声干扰后的解密图像及其 PSNR 值(dB)

方法	QDFT	QDFrFT	本书算法
高斯噪声方差 10^{-4}	 29.574 1	 5.322 2	 5.237 1
高斯噪声方差 10^{-6}	 69.025 6	 7.854 3	 6.965 2
高斯噪声方差 10^{-8}	 Inf	 18.957 1	 15.961 3

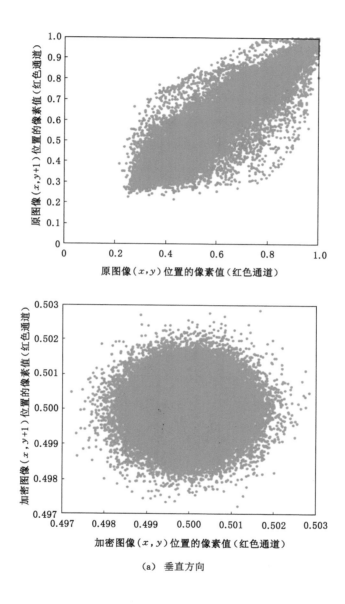

（a）垂直方向

图 9-9　Lena 图像加密图像和原图像的像素相关性分布（红色通道）

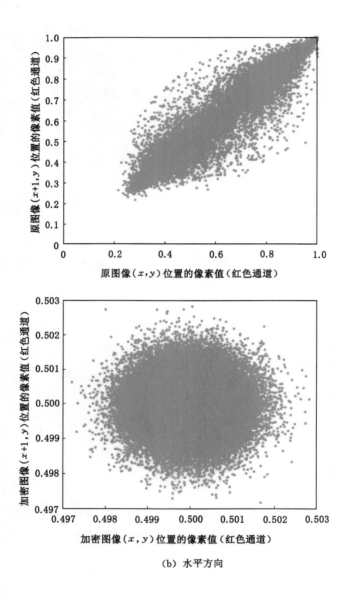

（b）水平方向

图 9-9（续）

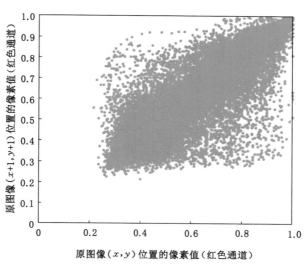

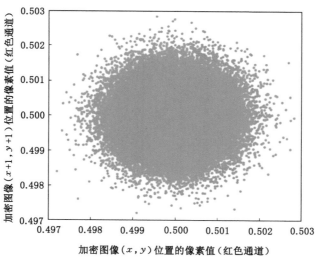

（c）对角方向

图 9-9（续）

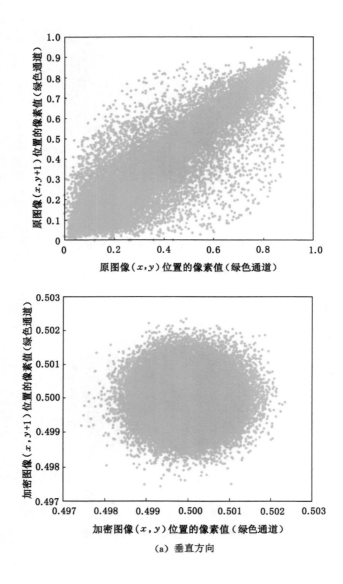

（a）垂直方向

图 9-10　Lena 图像加密图像和原图像的像素相关性分布（绿色通道）

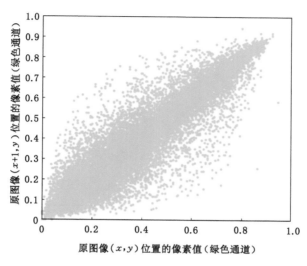

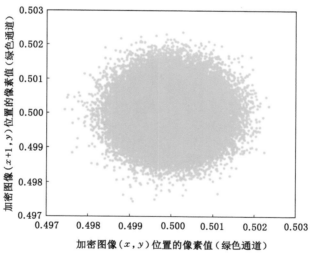

（b）水平方向

图 9-10（续）

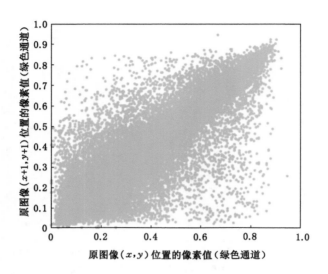

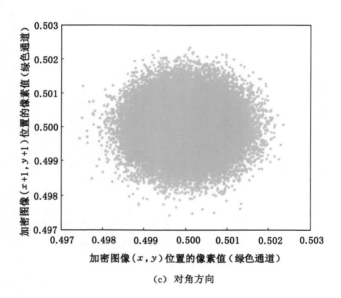

(c) 对角方向

图 9-10(续)

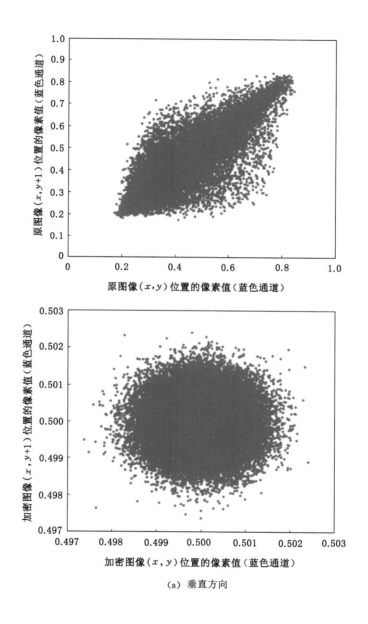

(a) 垂直方向

图 9-11　Lena 图像加密图像和原图像的像素相关性分布（蓝色通道）

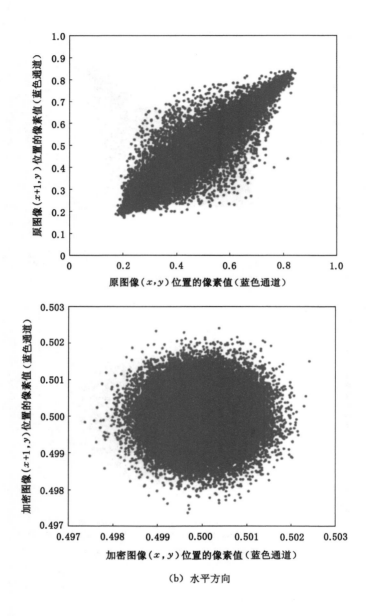

（b）水平方向

图 9-11（续）

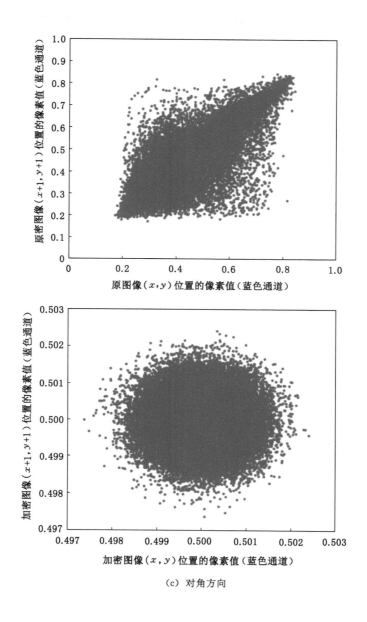

（c）对角方向

图 9-11（续）

9.3　本章小结

　　基于传统的双随机相位加密算法,本章将该算法扩展到四元数域,提出了四元数离散分数阶 Krawtchouk 变换域的彩色图像双随机相位加密算法。实验证实了所提算法的有效性。事实上,此类双随机相位加密算法解密的彩色图像并不是与原图像完全一致,也就是说,解密图像与原图像视觉上一致,但是存在些不可见的扰动。因此,本章所提算法更适用于对解密的图像没有很高质量要求的场景。另外,所提算法在加密图像受到轻微的噪声扰动时,更不易解密原始图像,说明所提算法更加容易地检测到加密图像是否受到干扰。

第 10 章　基于四元数 Gyrator 变换的彩色图像加密算法

10.1　基于双随机相位的彩色图像加密算法

基于双随机相位和四元数 Gyrator 变换的彩色图像加密算法的基本思路为:首先对彩色图像 $f(x,y)$ 在空域内进行一次相位调制后进行一次四元数 Gyrator 变换,然后在频域内经过第二次相位调制后再进行一次四元数 Gyrator 变换,最后得到加密的图像,加密的整个过程如图 10-1(a)所示。在已知密钥的情况下,通过对上述加密过程进行解密,就可以恢复出原始彩色图像,如图 10-1(b)所示。

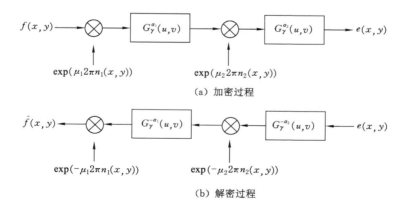

（a）加密过程

（b）解密过程

图 10-1　基于双随机相位和四元数 Gyrator 变换的彩色图像加密、解密算法

算法的具体过程描述为:令 μ_1、μ_2 分别表示单位纯四元数,$n_1(x,y)$、$n_2(x,y)$ 表示分布在区间[0,1]的随机函数,1、2 表示四元数 Gyrator 变换的旋

转角度，$e(x,y)$表示密文数据，加密和解密的过程分别可以用形如式(10-1)和式(10-2)的表达式表示。需要注意的是，这里 μ_1 和 μ_2、$n_1(x,y)$ 和 $n_2(x,y)$、1和2均作为正确恢复出原彩色图像时必需的密钥。

$$e(x,y) = G_r^{\alpha_2}\{G_r^{\alpha_1}\{f\exp(-\mu_1\phi_1)\}\exp(-\mu_2\phi_2)\} \tag{10-1}$$

$$\hat{f}(x,y) = G_r^{-\alpha_1}\{G_r^{-\alpha_2}\{e\}\exp(-\mu_2\phi_2)\}\exp(-\mu_1\phi_1) \tag{10-2}$$

相对于基于双随机相位和离散四元数 Fourier 变换的彩色图像加密算法[28]，本小节提出的加密算法的优势为：四元数 Gyrator 变换中旋转角度为自由变化的参数，该参数增大了密钥的空间，进一步提高了加密系统的安全性。

10.2　基于相位迭代恢复的双彩色图像加密算法

近些年，多图像加密算法的研究引起了国内外学者的关注[219-222]。相对于单图像加密算法而言，多图像加密算法可以提高传输效率，节省存储空间。采用传统复数的表示形式，将一幅图像作为实部分量，另外一幅图像作为虚部分量，文献[220]和[221]介绍了双图像的加密算法，同样是采用复数的表示形式，将其中一幅图像作为复数的模值，另外一幅图像作为复数的相位，Tao 等[223]提出分数阶 Fourier 变换域基于双随机相位的双图像加密算法。除了借助复数表示形式来实现双图像加密算法外，Liu 等[224]提出了分数阶 Fourier 变换域的三幅灰度图像和 Wu 等[225]提出了多阶次离散分数阶 Fourier 变换的四幅灰度图像加密算法。虽然借助复数表示形式能够实现两幅甚至四幅图像的加密传输，但这种表示形式难以实现四幅图像以上的加密传输，目前也未见到有相关文献的报道。为了克服复数表示形式存在的不足，基于相位迭代恢复的多图像加密算法应运而生，图像加密传输的流程如图 10-2 所示，这种加密算法可以将多图像融合成单通道图像进行传输，有效地提高传输效率。最初，这种算法主要用来解决双图像的加密传输问题，相关的算法可以参考文献[219,226]。在文献[227]，Sui 等讨论了分数阶 Fourier 变换域基于相位迭代恢复的多图像加密算法，并对九幅灰度图像进行实验，结果验证了算法的有效性和可行性。

虽然现有的文献介绍了多种多图像加密算法，但是这些算法主要讨论灰度图像。由于彩色图像包含多个颜色通道，单通道颜色图像可以视为灰度图像，因此，可以对彩色图像的多个通道分别使用多灰度图像的加密算法，但是这种处理方法势必会导致加密系统成本的增加，不具有可操作性和推广性。另外，文献[224]介

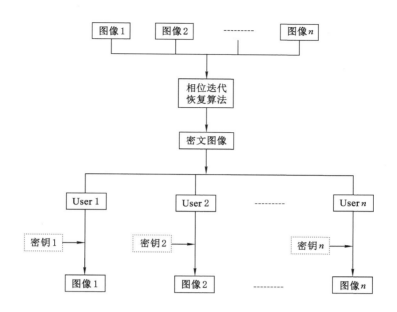

图 10-2　基于相位迭代恢复的多图像加密算法示意图

绍了一种双彩色图像的加密算法,其基本思路是:首先将待加密的两幅彩色图像转换成索引格式下的表示;然后将转换得到的两个整数矩阵作为两幅灰度图像,结合双随机相位加密技术进行加密传输。其中,彩色图像转换成索引格式表示时的颜色表作为密钥的一部分,这将增大密钥存储空间,不利于密钥的传输。另外,这种算法难以进一步推广实现更多彩色图像的加密传输。为了解决上述双彩色图像加密算法存在的不足以及实现多彩色图像的整体加密算法,笔者对四元数 Gyrator 变换域基于相位迭代恢复的双彩色图像加密算法进行了研究。

假设 $f(x,y)$、$g(x,y)$ 分别表示待加密的两幅彩色图像(这里为了便于讨论,令两幅图像具有相同的尺寸),$h(x,y)$ 表示密文图像,ϕ_1、ϕ_2、φ_1、φ_2 和 θ 均表示分布在区间 $[0,2\pi]$ 的随机相位函数,I、μ_{11}、μ_{12}、μ_{21} 和 μ_{22} 均为任意的单位纯四元数,令:

$$
\begin{aligned}
h\exp(I\theta) &= G_{\mathrm{r}}^{\alpha_2}\{G_{\mathrm{r}}^{\alpha_1}\{f\exp(\mu_{11}\phi_1)\}\exp(\mu_{12}\phi_2)\}\\
&= G_{\mathrm{r}}^{\beta_2}\{G_{\mathrm{r}}^{\beta_1}\{g\exp(\mu_{21}\phi_1)\}\exp(\mu_{22}\phi_2)\}
\end{aligned}
\tag{10-3}
$$

在第一次迭代时,式(10-3)中的四个相位函数均未知。根据式(5-20)可得,左端的表达式同时包含了两幅彩色图像 $f(x,y)$、$g(x,y)$ 的相关信息。下面介绍采用相位迭代恢复的算法确定相位函数 ϕ_1、ϕ_2、φ_1 和 φ_2,具体过程如下:

根据式(10-3),可得:

$$g\exp(\mu_{21}\varphi_1)=G_r^{-\beta_1}\{G_r^{-\beta_2}\{G_r^{\alpha_2}\{G_r^{\alpha_1}\{f\exp(\mu_{11}\phi_1)\}\exp(\mu_{12}\phi_2)\}\}\exp(-\mu_{22}\phi_2)\}$$

$$(10\text{-}4)$$

在初始阶段,相位函数 ϕ_1^1、ϕ_2^1 和 φ_2^1 随机产生(这里上标"1"表示第一步迭代)。假设经过 n 步迭代后,相位函数 ϕ_1^n、ϕ_2^n 和 φ_2^n(这里上标"n"表示第 n 步迭代)均已知,此时可得:

$$\hat{g}^n=G_r^{-\beta_1}\{G_r^{-\beta_2}\{G_r^{\alpha_2}\{G_r^{\alpha_1}\{f\exp(\mu_{11}\phi_1^n)\}\exp(\mu_{12}\phi_2^n)\}\}\exp(-\mu_{22}\phi_2^n)\}$$

$$(10\text{-}5)$$

于是,相位函数 φ_1^n 可以表示为:

$$\varphi_1^n=\arg\{\overline{g}\cdot\hat{g}^n\}\tag{10-6}$$

其中,$\overline{g}$ 表示 g 的共轭运算,$\arg\{\cdot\}$ 表示取相位运算。

然后,把 φ_1^n 代入式(10-4),可得第 $(n+1)$ 步迭代中的相位函数 φ_2^{n+1}、φ_2^{n+1} 和 φ_1^{n+1},分别表示为:

$$\varphi_2^{n+1}=\arg\left\{\frac{1}{G_r^{\beta_1}\{g\exp(\mu_{21}\varphi_1^n)\}}G_r^{-\beta_2}\{G_r^{\alpha_2}\{G_r^{\alpha_1}\{f\exp(\mu_{11}\phi_1^n)\}\exp(\mu_{12}\phi_2^n)\}\}\right\}$$

$$(10\text{-}7)$$

$$\varphi_2^{n+1}=\arg\left\{\frac{1}{G_r^{\alpha_1}\{f\exp(\mu_{11}\varphi_1^n)\}}G_r^{-\alpha_2}\{G_r^{\beta_2}\{G_r^{\beta_1}\{g\exp(\mu_{21}\phi_1^n)\}\exp(\mu_{22}\phi_2^{n+1})\}\}\right\}$$

$$(10\text{-}8)$$

$$\varphi_1^{n+1}=$$
$$\arg\{\overline{f}\cdot G_r^{-\alpha_1}\{G_r^{-\alpha_2}\{G_r^{\beta_2}\{G_r^{\beta_1}\{g\cdot\exp(\mu_{21}\phi_1^n)\}\cdot\exp(\mu_{22}\phi_2^{n+1})\}\}\cdot\exp(-\mu_{12}\phi_2^{n+1})\}\}$$

$$(10\text{-}9)$$

随着迭代次数 n 的逐渐增大,已恢复出的彩色图像 g^n 越来越接近原始彩色图像 g,这里采用相关系数(Correlation Coefficient,CC)作为衡量两幅彩色图像的相似程度,其表达式为:

$$CC=\sum_{c\in[R,G,B]}\frac{E\{[g_c-E(g_c)][g_c^n-E(g_c^n)]\}}{3\sqrt{E\{[g_c-E(g_c)]^2\}}\sqrt{E\{[g_c^n-E(g_c^n)]^2\}}}\tag{10-10}$$

其中,g_c^n 表示第 n 步迭代中恢复出的彩色图像的 R、G、B 三个颜色通道分量,$E\{\cdot\}$ 表示期望运算。根据预先设定的 CC 阈值,如果当前迭代过程中恢复出的彩色图像超过阈值时,则终止迭代,并将当前迭代得到的相位函数作为满足式(10-3)的相位函数,即:

$$\phi_1=\phi_1^n,\phi_2=\phi_2^n,\varphi_1=\varphi_1^{n-1},\varphi_2=\varphi_2^n\tag{10-11}$$

根据式(10-3),密文图像 $h(x,y)$ 可以通过两种不同的方式获得。

第一种方式:对彩色图像 $f(x,y)$ 进行旋转角度为 α_1、α_2 的级联四元数 Gyrator 变换,即:

$$h = | \, G_r^{\alpha_2} \{ G_r^{\alpha_1} \{ f \exp(\mu_{11} \phi_1) \} \exp(\mu_{12} \phi_2) \} \, | \tag{10-12}$$

第二种方式:对彩色图像 $g(x,y)$ 进行旋转角度为 β_1、β_2 的级联四元数 Gyrator 变换,即:

$$h = | \, G_r^{\beta_2} \{ G_r^{\beta_1} \{ g \exp(\mu_{21} \varphi_1) \} \exp(\mu_{22} \varphi_2) \} \, | \tag{10-13}$$

通过式(10-4)至式(10-12),可以将两幅彩色图像的信息同时隐藏到式(10-3)左端的密文图像中。在加密算法的过程中,式(10-3)左端的单位纯四元数矩阵 I 和相角函数 θ 被视为恢复两幅彩色图像时的公共密钥。同时,旋转角度 α_1、α_2 和相位掩模 ϕ_1、ϕ_2 是恢复恢复彩色图像 $f(x,y)$ 时的密钥,旋转角度 β_1、β_2 和相位函数 φ_1、φ_2 是恢复彩色图像 $g(x,y)$ 时的密钥。另外,单位纯四元数 μ、μ_{11}、μ_{12}、μ_{21} 和 μ_{22} 可以看作附加密钥。在已知上述密钥的情况下,两幅彩色图像 $f(x,y)$、$g(x,y)$ 都能够完全恢复出来,具体的解密过程可以表示为:

$$\hat{f} = G_r^{-\alpha_1} \{ G_r^{-\alpha_2} \{ h \exp(I\theta) \} \exp(-\mu_{12} \phi_2) \} \exp(-\mu_{11} \phi_1) \tag{10-14}$$

$$\hat{g} = G_r^{-\beta_1} \{ G_r^{-\beta_2} \{ h \exp(I\theta) \} \exp(-\mu_{22} \varphi_2) \} \exp(-\mu_{21} \varphi_1) \tag{10-15}$$

10.3　彩色/灰度图像的混合加密算法

将彩色图像 $f(x,y)$、$g(x,y)$ 均表示成纯四元数矩阵的形式,此时四元数矩阵的实部被置为零。实际上,如果将一幅具有相同尺寸的灰度图像(这里为了方便讨论,下文中的算法只考虑与彩色图像具有相同尺寸的灰度图像的情况;当然,对于尺寸不相同的情况,可以采用四周补零的方式使灰度图像与彩色图像具有相同尺寸)作为四元数的实部时,10.1 节和 10.2 节的算法可以实现灰度图像与彩色图像的混合加密。

令 $f_1(x,y)$ 和 $g_1(x,y)$ 均表示灰度图像,$f_2(x,y)$ 和 $g_2(x,y)$ 均表示彩色图像,则:

(1) 对于 10.1 节提出的基于双随机相位和四元数 Gyrator 变换的彩色图像加密算法,将灰度图像 $f_1(x,y)$ 和彩色图像 $f_2(x,y)$ 组合成四元数矩阵 $f(x,y)$,即:

$$f(x,y) = f_1(x,y) + \mathrm{i} f_{2,\mathrm{R}}(x,y) + \mathrm{j} f_{2,\mathrm{G}}(x,y) + \mathrm{k} f_{2,\mathrm{B}}(x,y)$$

$$\tag{10-16}$$

这里,下标$\{R,G,B\}$表示彩色图像$f_2(x,y)$的红、绿、蓝颜色通道分量。然后使用式(10-1)的算法进行加密,此时得到的密文数据同时包含了一幅彩色图像信息和一幅灰度图像信息。当使用式(10-2)对得到的密文数据进行解密时,按式(10-17)可以分别提取出灰度图像$\hat{f}_1(x,y)$和彩色图像$\hat{f}_2(x,y)$:

$$\hat{f}_1(x,y)=s(\hat{f}(x,y)) \tag{10-17a}$$

$$\hat{f}_2(x,y)=[x(\hat{f}(x,y)),y(\hat{f}(x,y)),z(\hat{f}(x,y))] \tag{10-17b}$$

其中,$\hat{f}(x,y)$表示解密后的四元数矩阵,$s(\cdot)$、$x(\cdot)$、$y(\cdot)$和$z(\cdot)$分别表示提取四元数的实部分量、虚部i分量、虚部j分量和虚部k分量,提取出的虚部i、j、k分量分别对应彩色图像$\hat{f}_2(x,y)$的R、G、B三个颜色通道分量。

(2) 对于10.2节提出的基于相位迭代恢复的彩色图像加密算法,将灰度图像$f_1(x,y)$和彩色图像$f_2(x,y)$组合成形如式(10-16)的四元数矩阵$f(x,y)$,同时将灰度图像$g_1(x,y)$和彩色图像$g_2(x,y)$组合成四元数矩阵$g(x,y)$,即:

$$g(x,y)=g_1(x,y)+ig_{2,R}(x,y)+jg_{2,G}(x,y)+kg_{2,B}(x,y)$$
$$\tag{10-18}$$

然后使用式(10-4)~式(10-12)进行一定次数的迭代后可以得到满足式(10-3)的四个相位函数。由于在迭代过程中恢复出来的图像既包括灰度图像也包括彩色图像,与5.3.2节算法稍有不同,此时迭代过程的终止条件变为:

$$\mathrm{CC}_{g_2}=\sum_{c\in[R,G,B]}\frac{E\{[g_{2,c}-E(g_{2,c})][g_{2,c}^n-E(g_{2,c}^n)]\}}{3\sqrt{E\{[g_{2,c}-E(g_{2,c})]^2\}}\sqrt{E\{[g_{2,c}^n-E(g_{2,c}^n)]^2\}}} \tag{10-19a}$$

$$\mathrm{CC}_{g_1}=\sum\frac{E\{[g_1-E(g_1)][g_1^n-E(g_1^n)]\}}{\sqrt{E\{[g_1-E(g_1)]^2\}}\sqrt{E\{[g_1^n-E(g_1^n)]^2\}}} \tag{10-19b}$$

其中,$E\{\cdot\}$表示期望运算,g_1^n表示第n次迭代过程中恢复出的灰度图像$g_1(x,y)$,$g_{2,c}^n$表示第n次迭代过程中恢复出的彩色图像$g_2(x,y)$的R、G、B三个颜色通道分量。

在解密过程中,使用式(10-14)和式(10-15)得到$\hat{f}(x,y)$和$\hat{g}(x,y)$后,通过分别提取两个四元数矩阵的实部分量和三个虚部分量后就可以恢复出两幅灰度图像和两幅彩色图像,具体过程表示为:

$$\hat{f}_1(x,y)=s(\hat{f}(x,y)) \tag{10-20a}$$

$$\hat{f}_2(x,y)=[x(\hat{f}(x,y)),y(\hat{f}(x,y)),z(\hat{f}(x,y))] \tag{10-20b}$$

$$\hat{g}_1(x,y)=s(\hat{g}(x,y)) \tag{10-20c}$$

$$\hat{g}_2(x,y) = [x(\hat{g}(x,y)), y(\hat{g}(x,y)), z(\hat{g}(x,y))] \quad (10\text{-}20\text{d})$$

其中,$s(\cdot)$、$x(\cdot)$、$y(\cdot)$和$z(\cdot)$分别表示提取四元数的实部分量、虚部 i 分量、虚部 j 分量和虚部 k 分量,提取出的实部分量分别对应灰度图像$\hat{f}_1(x,y)$、$\hat{g}_1(x,y)$,提取出的虚部 i,j,k 分量分别对应彩色图像$\hat{f}_2(x,y)$、$\hat{g}_2(x,y)$的 R、G、B 三个颜色通道分量。

10.4　实验结果及分析

为了验证 10.1 节提出的关于四元数 Gyrator 变换的两种计算方法的有效性和 10.2 节提出的基于四元数 Gyrator 变换的彩色图像加密算法的安全性和鲁棒性,下面通过不同的实验予以分析和讨论。实验中,从 USC-SIPI 数据库[209]选取如图 10-3 所示的八幅彩色图像(包括 Lena、Pepper、Car、Lake、Mandrill、Tree、Airplane 和 House)作为测试图像,其尺寸均为 256×256。其中,有关四元数 Fourier 变换及其逆变换的计算使用 Sangwine 等提供的程序[228]。同时,为了客观地评价恢复出的灰度图像和彩色图像质量,这里引入峰值信噪比(PSNR)、归一化系数(NC)和归一化均方误差(NMSE)三个参数作为度量指标。其中,PSNR 的定义见第 2 章。对于尺寸为 $N \times M$ 的原始灰度(或者彩色)图像 $f(x,y)$ 和恢复出来的灰度(或者彩色)图像 $\tilde{f}(x,y)$,灰度图像的 NC 和归一化均方误差的计算如下:

(1) 归一化系数(Normalized Coefficient,NC)

对于灰度图像[219],

$$NC = \frac{\sum\limits_{y=0}^{N-1}\sum\limits_{x=0}^{M-1} f(x,y)\tilde{f}(x,y)}{\sum\limits_{y=0}^{N-1}\sum\limits_{x=0}^{M-1} f^2(x,y)} \quad (10\text{-}21)$$

对于彩色图像,

$$NC = \frac{\sum\limits_{c \in \{R,G,B\}}\sum\limits_{y=0}^{N-1}\sum\limits_{x=0}^{M-1} f_c(x,y)\tilde{f}_c(x,y)}{\sum\limits_{c \in \{R,G,B\}}\sum\limits_{y=0}^{N-1}\sum\limits_{x=0}^{M-1} f_c^2(x,y)} \quad (10\text{-}22)$$

(2) 归一化均方误差(Normalized Mean Square Error,NMSE)

对于灰度图像[219],

$$\text{NMSE} = \frac{\sum\limits_{x=0}^{N-1}\sum\limits_{y=0}^{M-1}\left|f(x,y)-\widetilde{f}(x,y)\right|^2}{\sum\limits_{x=0}^{N-1}\sum\limits_{y=0}^{M-1}\left|f(x,y)\right|^2} \tag{10-23}$$

对于彩色图像，

$$\text{NMSE} = \frac{\sum\limits_{c\in\{R,G,B\}}\sum\limits_{x=0}^{N-1}\sum\limits_{y=0}^{M-1}\left|f(x,y)-\widetilde{f}(x,y)\right|^2}{\sum\limits_{c\in\{R,G,B\}}\sum\limits_{x=0}^{N-1}\sum\limits_{y=0}^{M-1}\left|f(x,y)\right|^2} \tag{10-24}$$

(a) Lena　　(c) Car　　(e) Mandrill　　(g) Airplane

(b) Pepper　　(d) Lake　　(f) Tree　　(h) House

图 10-3　待测试的八幅彩色图像(选自 USC-SIPI 数据库)

10.4.1　四元数 Gyrator 变换算法的性能

首先,通过实验测试两种计算四元数 Gyrator 变换算法的有效性。实验中,分别使用基于四元数 Fourier 变换(QFT)的方法和基于单通道计算 Gyrator 变换的方法对图 10-3 中的八幅彩色图像计算四元数 Gyrator 变换(QGT)及其逆变换,在计算过程中参数 μ 的取值为 $\mu = (i+j+k)/\sqrt{3}$。图 10-4 统计了在不同旋转角度下,通过 QGT 逆变换得到的彩色图像的归一化均方误差 NMSE,可以观察到:两种计算 QGT 的方法均满足可逆的要求。相对而言,基于四元数 Fourier 变换的快速算法由于使用四元数表示的形式,使得计算更为方便、快捷。在接下来的实验中,笔者使用基于四元数 Fourier 变换的方法计算四元数 Gyrator 变换。

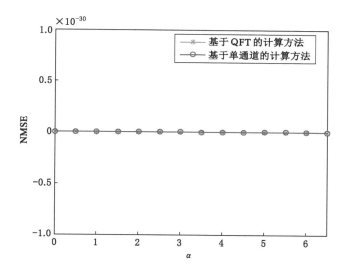

图 10-4　两种计算 QGT 的方法在不同旋转角度下的可逆性测试

10.4.2　单彩色图像加密算法的性能

本小节对基于双随机相位和四元数 Gyrator 变换的单彩色图像加密算法的有效性、安全性和对数据缺失、噪声的鲁棒性进行测试,并与现有的基于双随机相位和离散四元数 Fourier 变换(Discrete Quaternion Fourier Transform,DQFT)的彩色图像加密算法[28] 的性能进行比较。在实验过程中,四元数 Gyrator 变换和离散四元数 Fourier 变换定义式中的单位纯四元数均选择 $\mu=(i+j+k)/\sqrt{3}$ 。

(1)算法的有效性和安全性

首先,分别使用两种彩色图像加密方法对图 10-3 中的八幅彩色图像进行加密得到密文图像和解密得到解密图像。在实验过程中,基于 QGT 加密方法的旋转角度参数为:$\alpha_1=0.7,\alpha_2=-1.2$。需要注意的是,由于通过两种加密方法得到的结果均为四元数,这里为了便于统计密文图像与原始彩色图像的差别,两种方法中均选择三个虚部分量作为彩色密文图像的 R、G、B 三个通道。然后,分别统计两种加密算法得到的密文图像与原彩色图像、正确解密情况下恢复出的彩色图像与原彩色图像和密钥未知时,使用随机猜测的密钥恢复出的彩色图像与原彩色图像的误差,结果如表 10-1 所示。

表 10-1　不同加密方法得到的密文图像及相应的解密图像的误差统计

			本书方法		基于 DQFT 的方法	
			NMSE	NC	NMSE	NC
加密图像		Min.	0.689 8	0.250 9	0.692 3	0.251 0
		Max.	0.762 6	0.269 9	0.763 7	0.268 0
解密图像	密钥已知	Min.	0	1.000 0	0	1.000 0
		Max.	0	1.000 0	0	1.000 0
	密钥未知	Min.	0.689 5	0.252 5	0.690 5	0.249 0
		Max.	0.762 8	0.269 4	0.760 7	0.269 7

同时，图 10-5 给出了彩色图像 Lena 使用 QGT 加密算法得到的密文图像及使用正确密钥和非正确密钥时恢复出的彩色图像。根据上述实验结果，可以观察到：① 对于加密过程，基于 QGT 的加密算法得到的密文彩色图像与原彩色图像的归一化均方误差平均值大于 0.70，而归一化相关系数的数值仅为 0.26 左右，表明密文图像包含很少的有关原彩色图像的信息。换言之，密文图像能够有效隐藏原彩色图像的信息。② 对于解密过程，在授权密钥的情况下，基于 QGT 的加密算法恢复出来的彩色图像与原彩色图像的归一化均方误差为零，而归一化相关系数的数值为 1.000 0，表明恢复出的彩色图像能够完整地保持原彩色图像的质量和信息；相对的，在密钥未知的情况下，通过解密过程恢复出来的彩色图像与原彩色图像的误差同密文图像与原彩色图像的误差相当。换言之，在未知密钥时，使用随机猜测的密钥无法获得任何有价值的信息。当然，基于 DQFT 的彩色图像加密算法也表现出同样的性能。

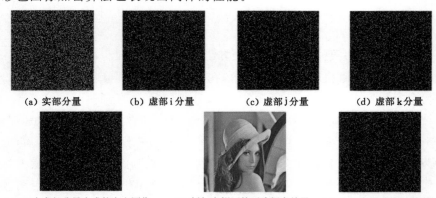

(a) 实部分量　　　(b) 虚部 i 分量　　　(c) 虚部 j 分量　　　(d) 虚部 k 分量

(e) 三个虚部分量合成的密文图像　　(f) 授权密钥下的正确解密结果　　(g) 未知密钥时的解密结果

图 10-5　彩色图像 Lena 使用基于 QGT 加密算法的加密及解密结果

接下来,以彩色图像 Lena 作为测试图像,对算法中两个旋转角度的敏感性进行测试。实验中,两个旋转角度的偏离量 δ 从 -0.05 变化到 0.05,步长为 0.002,然后通过解密过程恢复原彩色图像,旋转角度 α_1、α_2 变化时的 NMSE 和 NC 变化曲线如图 10-6(a) 和图 10-6(b) 所示。结合恢复出的彩色图像,可以得出结论:当任何一个旋转角度的偏离量大于 0.01 时,通过解密过程得到的彩色图像质量已经变得十分不清楚。图 10-6(c) 和图 10-6(d) 分别给出了旋转角度 α_1 或 α_2 偏离正确值 0.01 时恢复出来的彩色图像。

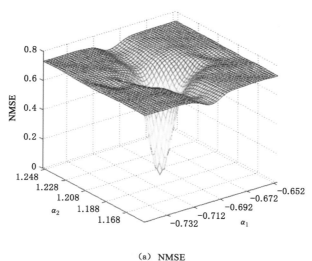

(a) NMSE

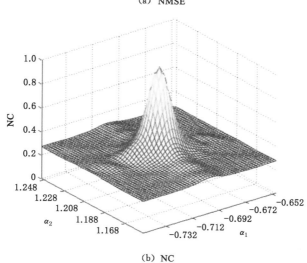

(b) NC

图 10-6　旋转角度变化时恢复的彩色图像的 NMSE 和 NC 的变化曲线(以 Lena 图像为例)

(c) 当旋转角度 α_2 正确,旋转角度 α_1
偏离正确值 0.01 时恢复出的图像

(d) 当旋转角度 α_1 正确,旋转角度 α_2
偏离正确值 0.01 时恢复出的图像

图 10-6(续)

(2) 算法的鲁棒性

首先,测试两种加密算法在不同比例数据缺失情况下恢复出的彩色图像的质量。实验中,密文图像数据缺失的比例和处理方法为:缺失比例 p 主要考虑 25%、50%和 75%三种情况,数据缺失的部分被置为零,然后通过解密恢复出彩色图像。在密钥已知时,图 10-7 统计了两种加密方法在三种数据缺失下恢复出的八幅彩色图像的平均 NMSE 值和平均 NC 值,可以观察到:随着数据缺失比例的不断增加,恢复出的彩色图像的质量逐渐下降,即使数据缺失比例达到 75%,恢复出的彩色图像携带的内容依然清晰可见,而且两种加密方恢复出的彩色图像的质量相当。以彩色图像 Lena 为例,图 10-8 给出了当密文数据存在不同数据缺失时,通过解密恢复出的彩色图像。

然后,通过实验对两种加密算法抵抗噪声的鲁棒性能进行测试。实验中,将具有零均值、不同标准差的高斯噪声分别添加到密文图像,然后在密钥正确的情况下,通过解密恢复出彩色图像。图 10-9(a)统计了两种加密算法在密文图像受到不同标准差高斯噪声污染时,通过解密恢复出的八幅彩色图像的平均质量。以彩色图像 Lena 作为测试图像,图 10-9(b)和图 10-9(c)给出了密文数据受到标准差 STD=0.025 的高斯噪声污染时的密文图像及通过解密恢复出的彩色图像。

根据上述两个实验结果可以得出结论:基于四元数 Gyrator 变换的彩色图

像加密算法和基于离散四元数 Fourier 变换的彩色图像加密算法在数据缺失、噪声鲁棒性方面表现出相当的性能,这是由于四元数 Gyrator 变换的计算是通过两次左边四元数 Fourier 来实现的,因此基于四元数 Gyrator 变换的彩色图像加密算法也可以视为基于四元数 Fourier 变换加密算法的范畴。

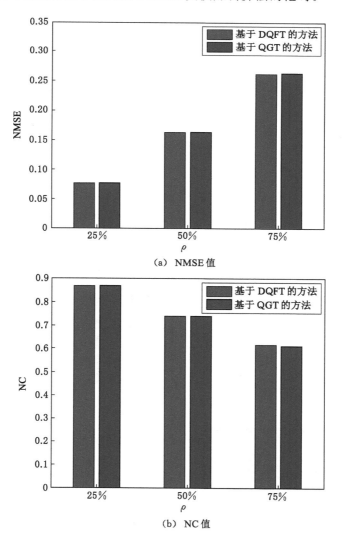

图 10-7　两种加密方法在不同数据比例缺失时恢复出的八幅彩色图像
平均 NMSE 值和 NC 值

（a）密文数据缺失25%　　　（b）密文数据缺失50%　　　（c）密文数据缺失75%
　　的密文图像　　　　　　　　　的密文图像　　　　　　　　　的密文图像

（d）密文数据缺失25%　　　（e）密文数据缺失50%　　　（f）密文数据缺失75%
　　的解密图像　　　　　　　　　的解密图像　　　　　　　　　的解密图像

图 10-8　密文数据存在不同缺失比例时的解密结果

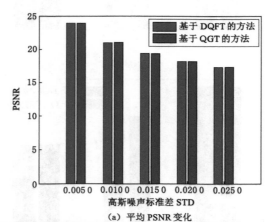

（a）平均 PSNR 变化

（b）高斯噪声标准差为0.025时的密文图像　　（c）高斯噪声标准差为0.025时的解密图像

图 10-9　两种加密算法在不同高斯噪声下恢复出的八幅彩色图像平均质量

10.4.3　双彩色图像加密算法的性能

实验过程中,算法中参数的取值情况分别为:$\mu_{lm}=(i+k)/\sqrt{2}\,(l,m=1,2)$,$\alpha_1=0.16,\alpha_2=0.25,\beta_1=0.21,\beta_2=0.45$。

(1)算法的有效性和安全性

首先,将图 10-3 中的八幅彩色图像分成四组,即:{Lena,Pepper}、{Car,Lake}、{Mandrill,Tree}和{Airplane,House}。然后,将每一组彩色图像中的两幅彩色图像分别作为相位恢复过程中决定迭代终止的参考图像,这里迭代的次数均设置为 1 000,迭代过程中恢复出来的彩色图像的质量随迭代次数的变化如图 10-10 所示。可以观察到:随着迭代次数的不断增大,恢复出的彩色图像越来越接近原始彩色图像;当迭代次数增加到某一数值时,恢复的彩色图像的误差不再随迭代次数的变化而变化。当迭代次数为 1 000 时,恢复出的彩色图像与原彩色图像的相似程度如图 10-10 所示。

根据式(10-12)和式(10-13),当已知四个相位函数时,可以通过两幅彩色图像中的任何一幅图像和相应的两个相位函数得到密文图像。因此,对于一组待加密的彩色图像,当选用不同的彩色图像作为相位迭代过程中的参考图像、不同的彩色图像得到密文图像时,解密后将会生成四组彩色图像。通过实验发现,恢复出来的四组彩色图像的质量较好,都能够几乎完整地恢复和保持原彩色图像的内容。表 10-2 列出了恢复出来的八幅彩色图像与原彩色图像的误差,这里选择图 10-3(b)、(d)、(f)、(h)的彩色图像作为判断迭代次数终止时的参考图像,同时使用式(10-13)得到密文图像。可以观察到:在密钥已知时,通过解密过程能够有效地恢复出原彩色图像。以彩色图像 Lena 和 Pepper 作为待加密的两幅图像,图 10-11 给出了使用相位迭代恢复的双彩色图像加密算法后得到的密文图像及密钥已知时,通过解密恢复出的两幅彩色图像;如果在没有授权密钥的情况下,使用随机猜测的密钥无法得到任何有价值的与图像内容相关的信息情况下均能得到,如图 10-12(a)~(d)所示。

表 10-2　正确解密时恢复出的彩色图像与原彩色图像的误差

图像	Lena	Car	Mandrill	Airplane
NMSE	1.59E-2	3.36E-2	2.32E-2	4.38E-2
图像	Pepper	Lake	Tree	House
NMSE	3.74E-30	3.67E-30V	3.64E-30	3.59E-30

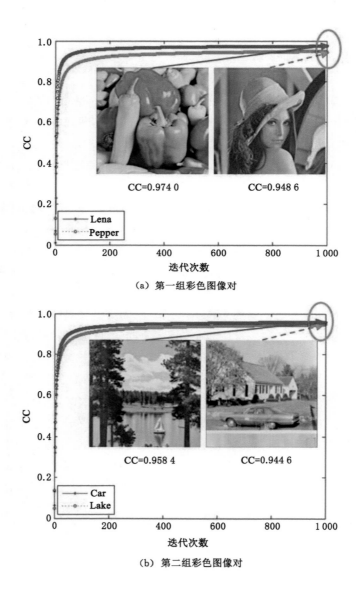

(a) 第一组彩色图像对

(b) 第二组彩色图像对

图 10-10　不同迭代次数下恢复出的彩色图像与原彩色图像的相似程度变化曲线

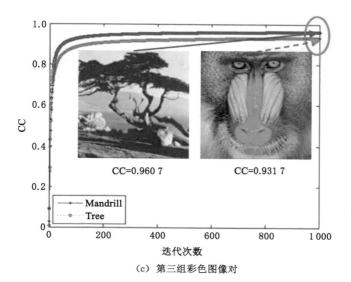

（c）第三组彩色图像对

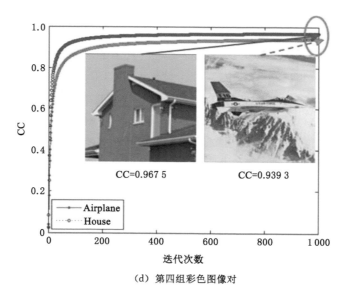

（d）第四组彩色图像对

图 10-10（续）

(a) 密文图像　　　　　(b) 恢复出的彩色图像　　　　　(c) 恢复出的彩色图像

图 10-11　彩色图像 Lena 和 Pepper 作为测试图像时的密文图像和密钥已知时，
通过解密恢复出的彩色图像

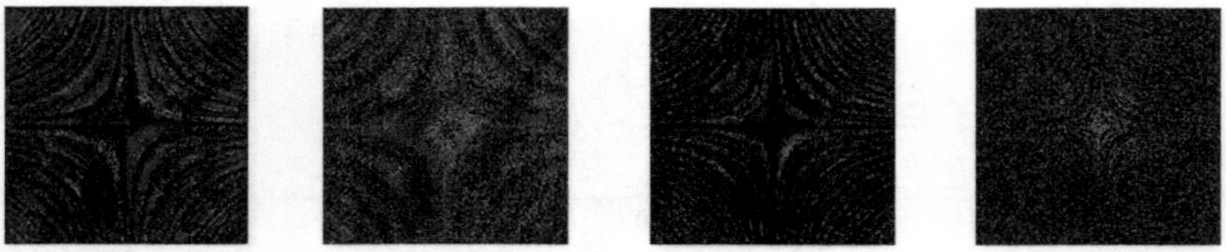

(a) 使用随机猜测的相位函　(b) 使用任意旋转角度　(c) 使用随机猜测的相位函　(d) 使用任意旋转角度
数得到的解密结果　　　　得到的解密结果　　　数得到的解密结果　　　得到的解密结果

图 10-12　对于图 10-11(a)所示的密文图像，使用随机猜测密钥时的解密结果
[(a)和(b)对应 Lena 图像，(c)和(d)对应 Pepper 图像]

　　然后，通过实验来分析旋转角度变化对恢复出的彩色图像质量的影响。在解密过程中，假设相位函数已知，对两个旋转角度的处理方法如下：令其中一个旋转角度为准确值，而另一个旋转角度的偏离量 Δ 的变化范围为 -0.10 到 0.10，增量为 0.005。在旋转角度变化的情况下，通过解密过程恢复出的彩色图像的误差变化如图 10-13 所示。通过观察恢复出的彩色图像可以得出结论：当任何一个旋转角度的偏离量大于 0.01 时，此时恢复出来的彩色图像已经变得有些模糊，无法识别出原彩色图像的内容。

　　(2) 算法的鲁棒性

　　在密文数据传输的过程中，可能会受到各种恶意攻击，导致在终端接收到的密文数据存在一定比例的数据缺失或者包含噪声。这里，仅对密文图像存在不同比例数据缺失和零均值、不同标准差的高斯噪声情况下恢复出的彩色图像的质量进行分析。为了评估四元数 Gyrator 域基于相位迭代恢复的双彩色图像加密算法的性能，将恢复出的彩色图像与使用基于分数阶 Fourier 变换（Fractional Fourier Transform，FrFT）的双彩色图像加密算法[75]恢复出的彩色图像进行比较（算法中参数的取值参考文献[75]）。

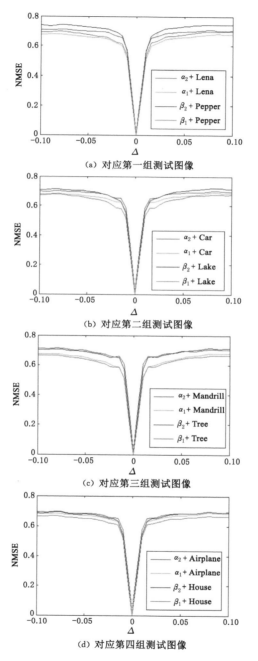

（a）对应第一组测试图像

（b）对应第二组测试图像

（c）对应第三组测试图像

（d）对应第四组测试图像

图 10-13　旋转角度变化时恢复出的彩色图像与原彩色图像的误差变换

　　首先,考虑密文数据存在一定数据缺失比例的情况。假设在终端接收到的密文数据存在四周缺失的情况,比例分别为 10%、20%、30%、40%、50% 和 60%。在授权密钥时,图 10-14 分别统计了四组测试图像使用基于四元数 Gyrator 变换、基于分数阶 Fourier 变换的双彩色图像加密方法在不同数据缺失比例情况下恢复出的彩色图像的误差(QGT 表示四元数 Gyrator 变换域基于相位迭代恢复的双彩色图像加密方法;FrFT 表示基于分数阶 Fourier 变换的双彩色图像加密算法),可以观察到:随着数据缺失比例的不断增加,通过基于四元数 Gyrator 变换的双彩色图像加密方法恢复出的彩色图像的质量随之变差。而对于基于分数阶 Fourier 变换的双彩色图像加密方法而言,数据缺失比例的变化对恢复的彩色图像的质量影响较小。实际上,如图 10-15(a)～(c)所示,即使在数据缺失比例为 10% 的情况下,通过分数阶 Fourier 变换的双彩色图像加密算法恢复出彩色图像已经无法提供任何有价值的信息;而对于基于四元数 Gyrator 变换的彩色图像加密算法而言,即使当数据缺失比例高达 50% 时,恢复出来的彩色图像依然可以提供部分有价值的信息,如图 10-15(d)～(f)所示。因此,可以得出结论:本书提出的双彩色图像加密算法具有更强的抵抗数据缺失的能力。

　　然后,考虑密文图像受到高斯噪声污染的情况。将具有零均值、变化标准差的高斯噪声分别添加到四组密文图像,然后使用正确的密钥进行相应的解密,图 10-16 统计了分别使用四元数 Gyrator 变换、分数阶 Fourier 变换的双彩色图像加密算法在不同高斯噪声下恢复出的彩色图像的误差。可以得出结论:对于两种加密算法,随着高斯噪声强度的不断增大,恢复出的彩色图像的质量随之下降;而且,本书提出的算法恢复出的彩色图像具有更小的误差。图 10-17 给出了两种加密算法在密文数据受到标准差为 0.05 的高斯噪声污染时恢复出的彩色图像,显然,本书提出的算法可以有效地恢复出原彩色图像的内容,而通过基于分数阶 Fourier 变换的加密算法恢复的彩色图像类似于一幅随机噪声图像,不能提供任何有价值的信息。

　　通过上述两个实验可以得出结论:相对于基于分数阶 Fourier 变换的双彩色图像加密算法,四元数 Gyrator 变换域基于相位迭代恢复的双彩色图像加密算法对数据缺失和高斯噪声具有更强的抵抗能力,表现出良好的鲁棒性。究其原因,主要是基于分数阶 Fourier 变换的双彩色图像加密算法在对图像进行加密处理之前,需要将彩色图像转换成索引格式下的表示形式。其中,整数矩阵中的每个坐标点的数值作为指向颜色表的指针,反映了坐标点像素的颜色。但是,在密文图像受到

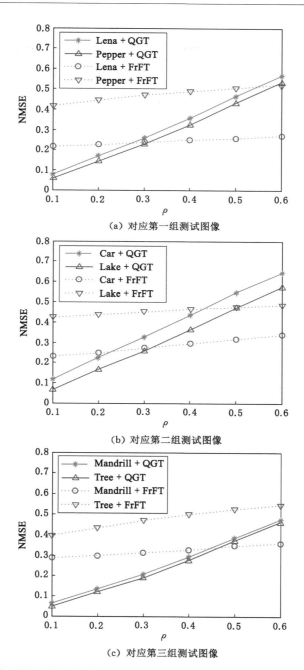

（a）对应第一组测试图像

（b）对应第二组测试图像

（c）对应第三组测试图像

图 10-14　不同双彩色图像加密算法恢复的彩色图像误差随密文数据缺失比例变化的曲线

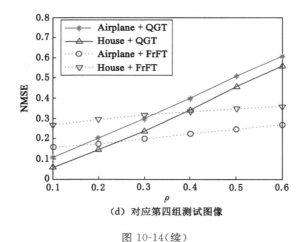

(d) 对应第四组测试图像

图 10-14(续)

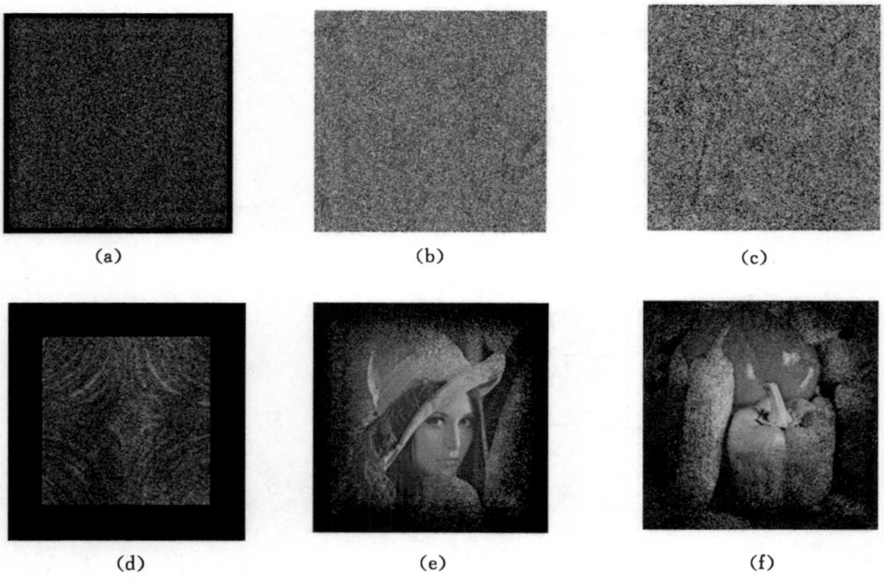

(a)   (b)   (c)

(d)   (e)   (f)

图 10-15   以彩色图像 Lena 和 Pepper 作为测试图像，密文图像存在数据缺失时的解密结果
[(a)、(b)、(c)表示基于分数阶 Fourier 变换的双彩色图像加密算法的解密结果，
数据缺失比例为 10%；
(d)、(e)、(f)表示四元数 Gyrator 变换域基于相位迭代恢复的双彩色图像加密方法的解密结果，
数据缺失比例为 50%]

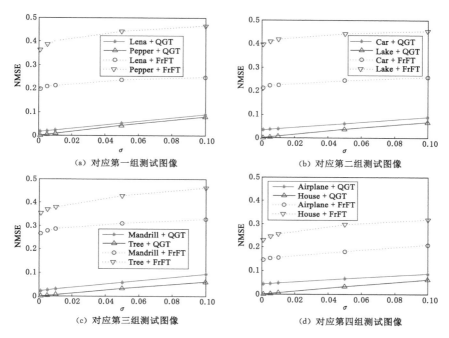

(a) 对应第一组测试图像　　　　　(b) 对应第二组测试图像

(c) 对应第三组测试图像　　　　　(d) 对应第四组测试图像

图 10-16　不同双彩色图像加密算法恢复出的彩色图像误差随高斯噪声标准差变化的曲线

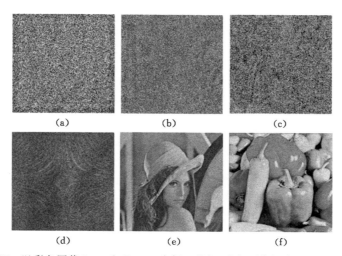

(a)　　　　　　(b)　　　　　　(c)

(d)　　　　　　(e)　　　　　　(f)

图 10-17　以彩色图像 Lena 和 Pepper 为例，不同双彩色图像加密方法的密文图像
在受到标准差为 0.05 的高斯噪声污染时的解密结果

〔(a)、(b)、(c) 为基于分数阶 Fourier 变换的双彩色图像加密算法的解密结果，
(d)、(e)、(f) 为四元数 Gyrator 变换域基于相位迭代恢复的双彩色图像加密方法的解密结果〕

攻击时,导致恢复出的整数矩阵偏离了初始值,因此无法恢复出原彩色图像。 总的来说,基于分数阶 Fourier 变换的双彩色图像加密算法对不同的攻击比较敏感。

10.5 本章小结

本章主要对四元数 Gyrator 变换域的彩色图像加密算法进行了研究,提出了联合双随机相位和四元数 Gyrator 变换的单彩色图像加密算法、四元数 Gyrator 变换域基于相位迭代恢复的双彩色图像加密算法及基于四元数 Gyrator 变换的彩色/灰度混合多图像加密算法。 实验结果表明:① 在误差允许的范围内,本书提出的两种四元数 Gyrator 变换的数值算法均具有有效性,可以快速实现计算;② 相对于基于双随机相位和离散四元数 Fourier 变换的单彩色图像加密算法,基于双随机相位和四元数 Gyrator 变换的彩色图像加密算法具有更高的安全性;③ 与现有的基于分数阶 Fourier 变换和索引格式的双彩色图像加密算法相比,四元数 Gyrator 域基于相位迭代恢复的双彩色图像加密算法具有更强的抵抗数据缺失和高斯噪声的性能,而且该算法可以扩展到多幅彩色图像、多幅彩色/灰度图像的混合加密。

第 11 章　融合加密技术的彩色图像水印算法

在数字媒体领域,数字水印技术作为一种有效的版权保护措施,在过去二十年间获得广泛的关注并取得快速发展。尤其是在当前信息社会下,数字电视、数字图书馆、数字医疗等一些数字化服务越来越多,数字水印技术在这些信息的版权保护中发挥着重要作用。其中,安全性是数字水印技术的一个基本要求,图像加解密技术可以有效地保证信息的安全。因此,从信息安全的角度来讲,将图像加解密技术和数字水印技术结合起来,可以进一步提高水印数据的保密性。现有的一些文献报道了融合加密技术的数字水印算法,比如基于双随机相位加密的灰度图像数字水印算法和基于可视密码技术的灰度图像零水印算法。接下来,首先简要介绍一下可视密码的概念。

11.1　可视密码理论

可视密码(Visual Cryptography,VC)理论的提出可以追溯到 1994 年的欧洲密码学会议[231],从一定意义上来说属于秘密共享的范畴[232-236]。其主要思想是:通过密码学运算将一幅秘密图像(Secret Image)"分割成"若干份分享图像(Sharing Image)。从视觉上来说,每一份分享图像都是杂乱无章、类似随机噪声的分布,从而起到保护原始图像秘密信息的作用。然后,将这些分享图像分发给不同的参与者(Shareholder 或者 Participant)。而且,只有当参与者的数量满足一定要求时,通过将他们各自所有的共享图像进行叠加才可以重构出人眼能够辨识的秘密图像,任何少于数量要求的分享图像叠加都无法得到与秘密图像相关的信息。由于这种算法的计算过程简单,仅仅依靠人的视觉系统就可以完成,不需要计算机或其他设备的辅助,同时具有较强的通用性,所以可视密码理论成为现代密码学一个重要的研究方向。一般来说,可视密码方案主要包括两个阶段:密图分发和密图重构。

　　下面简要介绍一种由黑白像素构成的一种可视密码方案。假设白像素点用"1"表示,黑像素点用"0"表示,在将秘密图像生成若干份分享图像的过程中,每个像素点用 2×2 的矩阵表示,表 11-1 给出了 $(2,2)$ 的可视密码方案。在过去的十余年间,随着对可视密码共享研究的不断深入,新型的可视密码方案不仅涵盖二值图像,一些学者也提出了针对灰度图像、彩色图像的秘密共享方案,而且这些方案也逐渐被引入数字水印领域。

表 11-1　(2,2)可视密码方案及叠加结果

像素颜色	分存 A	分存 B	叠加结果	像素颜色	分存 A	分存 B	叠加结果
白像素点 □				黑像素点 ▪			

11.2　融合加密技术的灰度图像水印算法

　　在众多的数字水印算法中,融合加密技术的水印算法[237-255]在近些年相继出现,下面介绍一些融合图像加密和可视秘密的算法。在 2006 年,Lian 等[237]提出一种水印技术和加密技术交错的多媒体数据保护方案,在他们的算法中,选择数据中重要的区域进行加密处理而选择另外一些区域嵌入水印信息。在文献[238]中,Ge 等提出一种分数阶 Fourier 域中基于双随机相位加密技术的彩色图像水印算法,其思路是采用灰度图像的处理方法。在他们的算法中,具有相同尺寸的彩色 RGB 载体图像、水印图像分别被分解成 R、G、B 单通道的灰度图像,相应的构成三组图像对,即 $R_h R_w$、$G_h G_w$、$B_h B_w$(下标 h、w 分别表示载体图像和水印图像)。以图像对 $R_h R_w$ 为例,首先使用随机相位和分数阶 Fourier 变换,对单通道图像 R_w 进行加密处理,然后将频域内的系数进行适当缩放并叠加到单通道图像 R_h 的分数阶 Fourier 变换的系数之上,最后通过分数阶 Fourier 逆变换得到嵌入水印后的载体

R 通道图像。对其余的两组图像对也进行等同的处理后,再将嵌入了水印信息的单通道 R、G、B 图像合成彩色图像,从而得到嵌入彩色水印图像的载体图像。但是,上述的这些水印算法讨论的主要是灰度载体图像,仅有少数的文献涉及彩色图像。另外,文献[240]、[241]、[242]也分别介绍了结合双随机相位加密技术的水印算法,文献[243]介绍的水印算法采用另一种加密技术——相位恢复。除此之外,近些年,融合可视密码理论的一些图像版权保护方案也频频出现[244-250]。比如,Chang 等于 2002 年提出可视共享方案的图像版权保护方法[244],其基本思路是:根据可视密码共享方案构造两幅分存图像,其中一幅分存图像的构造参考载体图像,然后结合水印图像构造另一幅分存图像。当发生版权纠纷时,通过将两幅分存图像叠加来提取出水印信息,这一方法计算简单、鲁棒性强。随后,基于抽样分布[245]、K-均值聚类[246]、双树复小波变换[249]的相关算法也相继被报道。在文献[213]的算法中,首先对载体图像分块处理,然后进行分数阶 Fourier 变换并使用奇异值分解提取出特征,最后构造分存图像。最近,Gao 等[251]采用图像的 Bessel-Fourier 矩作为特征描述,提出来一种鲁棒的零水印算法。除了上述基于可视密码的针对灰度图像的水印算法之外,也有少数文献报道了基于可视密码的彩色图像水印算法[252-254]。在这些算法中,首先将彩色图像转换到 YCbCr 空间,然后进行不同比例(4∶1∶1 或者 4∶2∶2)的采样。需要指出的是,上面这些基于可视密码的数字水印算法都不需要通过修改载体图像的像素值来嵌入水印信息,这一特性能够保证图像数据的完整性,非常适合应用在某些对原始数据精度要求较高的领域,比如医学图像、军事图像等[255]。

本章对融合加密技术的彩色图像水印算法进行研究,主要包括两个方面的内容:① 结合 11.2.1 节介绍的基于双随机相位和四元数 Gyrator 变换的加密技术和 11.2.2 节介绍的四元数 Gyrator 变换域基于相位恢复的加密技术,对单幅、多幅彩色水印图像以及彩色、灰度混合水印图像的嵌入问题进行研究;② 结合图像几何特征不变量和可视密码共享技术,提出一种鲁棒的彩色图像水印算法。

11.2.1　基于四元数 Gyrator 变换加密的彩色图像水印算法

结合第 5 章内容中的基于双随机相位、基于相位迭代恢复的彩色图像加解密算法,本节提出融合图像加密技术的彩色图像水印算法,主要包括单彩色水印图像、双彩色水印图像及灰度/彩色混合水印图像三个方面的内容,其主要思路是:首先将待嵌入的水印图像经过加密处理,然后将水印信息嵌入适当的位置。这种算法可以进一步增强水印信息的安全性。

11.2.1.1 单彩色水印算法

基于双随机相位加密和四元数 Gyrator 变换的单彩色水印算法如图 11-1 所示,假设 $f(x,y)$、$w(x,y)$ 分别表示彩色载体图像和待嵌入的彩色水印,嵌入水印的具体过程描述如下:

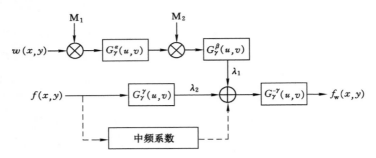

图 11-1　基于双随机相位加密和四元数 Gyrator 变换的单彩色水印算法示意图

(1) 使用双随机相位和四元数 Gyrator 变换对水印图像 $w(x,y)$ 进行加密得到 $G_w(u,v)$,即:

$$G_w(u,v) = G_r^\alpha \{ G_r^\beta \{ w \exp(\mu_1 \phi) \} \exp(\mu_2 \varphi) \} \tag{11-1}$$

其中:α、β 表示四元数 Gyrator 变换的旋转角度;μ_1、μ_2 为任意的单位纯四元数,即 $\mu_1^2 = \mu_2^2 = -1$;相位函数 φ、ϕ 分布在区间 $[0, 2\pi]$。

(2) 对载体图像 $f(x,y)$ 进行旋转角度为 γ 的四元数 Gyrator 变换得到 $G_f(u,v)$,即:

$$G_f(u,v) = G_r^\gamma \{ f(x,y) \} \tag{11-2}$$

对频域的系数按照幅值的大小进行排序,选取中间系数(选取的长度等于水印图像的像素个数)对应的坐标位置作为嵌入水印图像的位置,这里将选定的系数记为 $G_{f,mid}$。

(3) 选取合适的系数 λ_1、λ_2($\lambda_1 + \lambda_2 = 1$),分别与加密后的水印图像 G_w、选定的系数 $G_{f,mid}$ 相乘,然后叠加在一起,即:

$$G_{f,mid} = \lambda_1 G_w + \lambda_2 G_{f,mid} \tag{11-3}$$

(4) 对于步骤(2)的结果,将 $G_{f,mid}$ 置换为 $G_{fw,mid}$,然后对修改后的 G_f(记为 $G_{f,mod}$)进行旋转角度为 $-\gamma$ 的四元数 Gyrator 逆变换,从而得到嵌入水印的彩色图像 f_w,即:

$$f_{\mathrm{w}} = G_{\mathrm{r}}^{-\gamma}\{G_{\mathrm{f,mod}}\} \tag{11-4}$$

相应的,水印提取的具体过程描述为:首先,对包含水印图像的彩色图像 f_{w} 进行旋转角度为 γ 的四元数 Gyrator 变换;然后,根据水印图像嵌入的坐标位置,提取出四元数 Gyrator 域的水印图像变换系数;最后,通过解密算法恢复出水印图像对应的四元数矩阵,上述过程可以表示为:

$$\widetilde{w} = G_{\mathrm{r}}^{-\beta}\left\{G_{\mathrm{r}}^{-\alpha}\left\{\frac{\{G_{\mathrm{r}}^{\gamma}\{f_{\mathrm{w}}\}\}_{\mathrm{mid}} - \lambda_2 G_{\mathrm{f,mid}}}{\lambda_1}\right\}\exp(-\mu_2\varphi)\right\}\exp(-\mu_1\varphi) \tag{11-5}$$

接下来,通过提取三个虚部分量并叠加得到彩色水印 $\widetilde{w}_{\mathrm{c}}$,即:$\widetilde{w}_{\mathrm{c}} = [x(\widetilde{w})$, $y(\widetilde{w}),z(\widetilde{w})]$,这里 $x(\cdot)$、$y(\cdot)$ 和 $z(\cdot)$ 分别对应红、绿、蓝三个颜色通道分量。在文献[238]的算法中,由于重复使用灰度图像的处理方法,这就导致随机相位函数、FrFT 阶次的数量分别为 6 个、12 个。如果采用本书算法,可以避免重复处理的过程,而且随机相位函数、变换阶次的数量分别为 2 个、3 个,可以有效地降低系统复杂度。

11.2.1.2　双彩色水印算法

基于相位迭代恢复技术和四元数 Gyrator 变换的双彩色水印算法如图 11-2 所示,假设 $f(x,y)$、$w_1(x,y)$、$w_2(x,y)$ 分别表示彩色载体图像和待嵌入的彩色水印图像,彩色水印图像嵌入的具体过程描述如下。

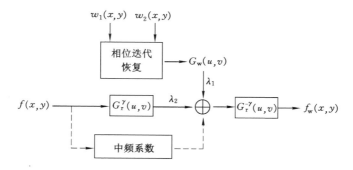

图 11-2　基于相位迭代恢复和四元数 Gyrator 变换的双彩色水印算法示意图

(1) 采用 10.2 节提出的四元数 Gyrator 域基于相位迭代恢复的双彩色图像加密算法,将两幅彩色水印图像同时隐藏在 $G_{\mathrm{w}}(u,v)$ 中,即:

$$
\begin{aligned}
G_{\mathrm{w}}(u,v) &= G_{\mathrm{r}}^{\alpha_{11}}\{G_{\mathrm{r}}^{\alpha_{12}}\{w_1\exp(\mu_{11}\phi_1)\}\exp(\mu_{12}\phi_2)\} \\
&= G_{\mathrm{r}}^{\alpha_{21}}\{G_{\mathrm{r}}^{\alpha_{22}}\{w_2\exp(\mu_{21}\phi_1)\}\exp(\mu_{22}\phi_2)\}
\end{aligned} \tag{11-6}
$$

其中,μ_{11}、μ_{12}、μ_{21}、μ_{22} 为任意的单位纯四元数,即:$\mu_{11}^2 = \mu_{12}^2 = \mu_{21}^2 = \mu_{22}^2 = -1$;相位函数 ϕ_1、ϕ_2、φ_1、φ_2 分布在区间 $[0, 2\pi]$;α_{11}、α_{12}、α_{21}、α_{22} 表示四元数 Gyrator 变换的旋转角度。

(2) 对载体图像 $f(x, y)$ 进行旋转角度为 γ 的四元数 Gyrator 变换得到 $G_f(u, v)$,即:

$$G_f(u, v) = G_r^\gamma \{f(x, y)\} \tag{11-7}$$

对频域的系数按照幅值的大小进行排序,选取中间系数(选取的长度等于水印图像的像素个数)对应的坐标位置作为嵌入水印图像的位置,这里将选定的系数记为 $G_{f, \text{mid}}$。

(3) 选取合适的系数 λ_1、λ_2 ($\lambda_1 + \lambda_2 = 1$),分别与加密后的水印图像 G_w、选定的系数 $G_{f, \text{mid}}$ 相乘,然后叠加在一起,即:

$$G_{f, \text{mid}} = \lambda_1 G_w + \lambda_2 G_{f, \text{mid}} \tag{11-8}$$

(4) 对于步骤(2)的结果,将 $G_{f, \text{mid}}$ 置换为 $G_{fw, \text{mid}}$,然后对修改后的 G_f(记为 $G_{f, \text{mod}}$)进行旋转角度为 $-\gamma$ 的四元数 Gyrator 逆变换,从而得到嵌入两幅水印图像的彩色图像 f_w,即:

$$f_w = G_r^{-\gamma} \{G_{f, \text{mod}}\} \tag{11-9}$$

相应的,水印提取的具体过程描述为:首先,对含水印的彩色图像 f_w 进行旋转角度为 γ 的四元数 Gyrator 变换;然后,根据水印嵌入的坐标位置,提取出四元数 Gyrator 变换域的水印系数 $\widetilde{G}_w$;最后,通过解密算法恢复出两幅彩色水印图像所对应的四元数矩阵 $\widetilde{w}_1$、$\widetilde{w}_2$,上述过程可以表示为:

$$\widetilde{G}_w = \frac{\{G_r^\gamma \{f_w\}\}_{\text{mid}} - \lambda_2 G_{f, \text{mid}}}{\lambda_1}$$

$$\widetilde{w}_1 = G_r^{-\alpha 12} \{G_r^{-\alpha 11} \{\widetilde{G}_w\} \exp(-\mu_{12} \phi_2)\} \exp(-\mu_{11} \phi_1)$$

$$\widetilde{w}_2 = G_r^{-\alpha 22} \{G_r^{-\alpha 21} \{\widetilde{G}_w\} \exp(-\mu_{22} \phi_2)\} \exp(-\mu_{21} \phi_1)$$

接下来,通过分别提取四元数矩阵 $\widetilde{w}_1$、$\widetilde{w}_2$ 的三个虚部分量并叠加得到原彩色水印图像 $\widetilde{w}_{1, c}$ 和 $\widetilde{w}_{2, c}$,即:$\widetilde{w}_{1, c} = [x(\widetilde{w}_1), y(\widetilde{w}_1), z(\widetilde{w}_1)]$,$\widetilde{w}_{2, c} = [x(\widetilde{w}_2), y(\widetilde{w}_2), z(\widetilde{w}_2)]$,这里 $x(\cdot)$、$y(\cdot)$ 和 $z(\cdot)$ 分别对应红、绿、蓝三个颜色通道分量。

11.2.1.3 彩色灰度混合水印算法

在 11.2.1.1 节和 11.2.1.2 节讨论的内容中,均选取彩色图像作为水印图像并表示成纯四元数矩阵的形式,即将四元数矩阵的实部系数置为零。对于基于双随机相位和四元数 Gyrator 变换的单彩色图像加密算法、四元数 Gyrator 域基于相位迭代恢复的双彩色图像加密算法,当选取与彩色图像具有相同尺寸的灰度图像作为实部系数时,这两种加密算法均可以进行彩色/灰度图像的混合加密。

那么,对于 11.2.1.1 节讨论的联合双随机相位加密的彩色图像水印算法而言,如果待加密的水印图像 $w(x,y)$ 表示成:

$$w(x,y)=w_{\mathrm{g}}(x,y)+\mathrm{i}w_{1,\mathrm{R}}(x,y)+\mathrm{j}w_{1,\mathrm{G}}(x,y)+\mathrm{k}w_{1,\mathrm{B}}(x,y)$$

$$(11\text{-}10)$$

这里,$w_{\mathrm{g}}(x,y)$ 表示灰度水印图像;$w_1(x,y)$ 表示彩色水印图像;$\{\mathrm{R},\mathrm{G},\mathrm{B}\}$ 表示三个颜色通道。此时的水印算法可以同时嵌入一幅彩色水印图像和一幅灰度水印图像。对于 11.2.1.2 节讨论的联合相位迭代恢复的双彩色图像加密的彩色图像水印算法而言,可以同时嵌入两幅彩色水印图像和两幅灰度水印图像。综上可得,四元数 Gyrator 变换域融合加密技术的彩色图像水印算法将极大地提高可嵌入水印信息的容量。

11.2.2　联合 RST 不变特征和可视密码的彩色图像水印算法

本小节结合图像不变特征和可视密码理论,提出一种鲁棒的彩色图像水印算法。首先,将文献[256]中定义的描述灰度图像的伪 Fourier-Mellin 变换推广到能够描述彩色图像的四元数伪 Fourier-Mellin 变换,给出了满足 RST(Rotation,Scaling and Translation,RST)不变性的特征量,然后结合(2,2)可视密码技术,提出一种鲁棒的彩色图像水印算法。

11.2.2.1　彩色图像 RST 不变特征

由于四元数的乘法不满足交换律,四元数伪 Fourier-Mellin 变换的定义存在不同形式。其中,右边四元数伪 Fourier-Mellin 变换的表达式为

$$D_{n,m}^{\mathrm{r}}=\int_0^{+\infty}\int_0^{2\pi}r^{n-1}f(r,\theta)\mathrm{e}^{-\mu m\theta}r\mathrm{d}r\mathrm{d}\theta \qquad (11\text{-}11)$$

其中,$n=1,2,\cdots,m$ 为整数;μ 为任意的单位纯四元数;$f(r,\theta)$ 为彩色图像的四元数表示形式,即:$f(r,\theta)=\mathrm{i}f_{\mathrm{R}}(r,\theta)+\mathrm{j}f_{\mathrm{G}}(r,\theta)+\mathrm{k}f_{\mathrm{B}}(r,\theta)$。需要指出的是,式(11-11)的定义与文献[256]介绍的四元数 Fourier-Mellin 矩的定义比较类似,因此四元数伪 Fourier-Mellin 变换也可以称为四元数伪 Fourier-Mellin 矩。相对于四元数 Fourier-Mellin 矩,四元数伪 Fourier-Mellin 变换得到系数更多

（这是由于四元数伪 Fourier-Mellin 变换的系数包含 $n=1$ 的情况）。

下面推导并定义四元数伪 Fourier-Mellin 变换的几何不变量。令 $f'(r,\theta)$ 表示彩色图像 $f(r,\theta)$ 经过旋转角度为 α、缩放因子为 λ 变换后的图像，即：$f'(r,\theta)=f(\lambda r,\theta+\alpha)$，那么 $f'(r,\theta)$ 的四元数伪 Fourier-Mellin 变换可以表示为

$$
\begin{aligned}
D_{n,m}^r(f') &= \int_0^{+\infty} \int_0^{2\pi} r^{n-1} f'(r,\theta) e^{-\mu m\theta} r \, dr \, d\theta \\
&= \int_0^{+\infty} \int_0^{2\pi} r^{n-1} f(\lambda r,\theta+\alpha) e^{-\mu m\theta} r \, dr \, d\theta
\end{aligned}
\tag{11-12}
$$

令 $r'=\lambda r,\theta'=\theta+\alpha$，则式（11-12）可以改写为：

$$
\begin{aligned}
D_{n,m}^r(f') &= \int_0^{+\infty} \int_0^{2\pi} r^{n-1} f'(r,\theta) e^{-\mu m\theta} r \, dr \, d\theta \\
&= \int_0^{+\infty} \int_0^{2\pi} \left(\frac{r}{\lambda}\right)^{n-1} f(r,\theta) e^{-\mu m(\theta-\alpha)} \frac{r}{\lambda} \frac{1}{\lambda} dr \, d\theta \\
&= \lambda^{-n-1} \int_0^{+\infty} \int_0^{2\pi} r^{n-1} f(r,\theta) e^{-\mu m\theta} r \, dr \, d\theta e^{\mu m\alpha} \\
&= \lambda^{-n-1} D_{n,m}^r(f) e^{\mu m\alpha}
\end{aligned}
\tag{11-13}
$$

这里定义：

$$
I_{n,m} = \left\| \frac{D_{n,m}}{D_{n,0}} \right\|
\tag{11-14}
$$

则式（11-14）为四元数伪 Fourier-Mellin 变换的旋转和缩放不变量。

证明过程如下：

$$
\begin{aligned}
I_{n,m}(f') &= \left\| \frac{D_{n,m}(f')}{D_{n,0}(f')} \right\| \\
&= \left\| \frac{\lambda^{-n-1} D_{n,m}^r(f) e^{\mu m\alpha}}{\lambda^{-n-1} D_{n,0}^r(f)} \right\| \\
&= \left\| \frac{D_{n,m}^r(f) e^{\mu m\alpha}}{D_{n,0}^r(f)} \right\| = \left\| \frac{D_{n,m}^r(f)}{D_{n,0}^r(f)} \right\| = I_{n,m}(f)
\end{aligned}
\tag{11-15}
$$

在计算彩色图像的四元数伪 Fourier-Mellin 变换时，如果将坐标中心平移到图像质心处，则式（11-14）定义的特征不变量同时具有旋转、平移和缩放不变性。

11.2.2.2　图像 Arnold 变换

Arnold 变换，也称为猫脸变换[257]。对于尺寸为 $N \times N$ 的数字图像，其表

达式为：

$$\begin{bmatrix} x' \\ y' \end{bmatrix} = \begin{bmatrix} 1 & 1 \\ 1 & 2 \end{bmatrix} \begin{bmatrix} x \\ y \end{bmatrix} \bmod N$$

$$x, y \in \{0, 1, \cdots, N-1\} \tag{11-16}$$

其中，$(x,y)^{\mathrm{T}}$、$(x',y')^{\mathrm{T}}$ 分别表示直角坐标系下像素点的空间位置。

　　如果对一幅数字图像进行式(11-16)所示的 Arnold 变换，那么原始坐标处的像素点将会发生相应的移动。当迭代至某一步时，有意义的原始图像将会变成无意义、"杂乱无章"的图像，破坏了图像的自相关性，隐藏了图像的内容，在一定程度上能够增强图像的安全性，起到加密的作用。邹建成和铁小匀[258]对不同尺寸的方形图像 Arnold 变换的周期进行了研究，常见图像尺寸下 Arnold 变换周期[259]如表 11-2 所示。在图像加密或者水印算法中，Arnold 变换常被用于图像的预处理，起到一种加密作用。而且在水印算法中，除了有利于增强水印信息的安全，也有助于提高水印算法的鲁棒性。

表 11-2　不同图像尺寸($N \times N$)下的 Arnold 变换周期

N	2	3	4	5	6	7	8	9	10	16
周期	3	4	3	10	12	8	6	12	30	12
N	25	32	40	50	60	100	125	256	480	512
周期	50	24	30	150	60	150	250	192	120	384

11.2.2.3　联合 RST 不变特征和可视密码的彩色图像水印算法

　　算法的基本思路为：首先，对彩色图像进行四元数伪 Fourier-Mellin 变换，提取满足几何不变性的特征量，然后对得到的特征进行二值化处理并构造特征矩阵，在此基础上建立主分存图像，最后结合水印图像，生成版权分存图像并发送至可信任机构(Trusted Authority, TA)。当图像存在争议时，首先按照主分存图像的生成过程得到争议图像对应的分存图像，并与可信任机构提供的版权分存图像进行叠加，从而可以恢复出水印图像进行认证。

　　(1) 主分存图像和版权分存图像构造算法

　　假设二值水印图像 $w(x,y)$ 的尺寸为 64×64，图 11-3 给出了生成主分存图像和版权分存图像的过程，具体过程描述如下：

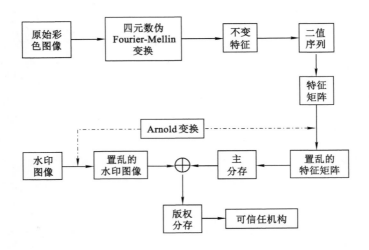

图 11-3　生成分存图像的过程示意图

① 对彩色载体图像进行四元数伪 Fourier-Mellin 变换,根据式(11-14)计算不变特征向量。本算法中四元数伪 Fourier-Mellin 变换的阶次从 1 阶至 8 阶,共 64 个特征量,即:

$$\boldsymbol{Q} = (I_{1,1}, I_{1,2}, \cdots, I_{1,8}, I_{2,1}, I_{2,2}, \cdots, I_{2,8}, I_{8,1}, I_{8,2}, \cdots, I_{8,8})$$

② 选择合适的阈值,将特征向量进行二值化。本书算法选择特征向量的中值作为阈值(Threshold),如式(11-17)所示,得到的二值序列的长度为 64。

$$a_i = \begin{cases} 1, & \| \boldsymbol{Q}_i \| \geqslant \text{Threshold} \\ 0, & \| \boldsymbol{Q}_i \| < \text{Threshold} \end{cases} \tag{11-17}$$

③ 构造特征矩阵并置乱。按照图 11-4,分别使用左移位、右移位和循环移位构造尺寸为 64×64 的特征矩阵 $\boldsymbol{V}$;然后使用 Arnold 变换将特征矩阵置乱得到矩阵 $\boldsymbol{V}'$,置乱次数为 T_1。

④ 生成主分存图像。根据(2,2)可视密码方案,主分存图像的尺寸为 128×128;将主分存图像分成互不重叠的子块 $M_{x,y}$($x, y = 1, 2, \cdots, 64$),尺寸均为 2×2。结合置乱的特征矩阵 $\boldsymbol{V}'$,每个子块的内容根据如下规则确定:

如果 $\boldsymbol{V}'(x, y) = \boldsymbol{E}$,则

$$\boldsymbol{M}_{x,y} = \begin{bmatrix} 1 & 0 \\ 0 & 1 \end{bmatrix}$$

如果 $\boldsymbol{V}'(x, y) = \boldsymbol{0}$,则

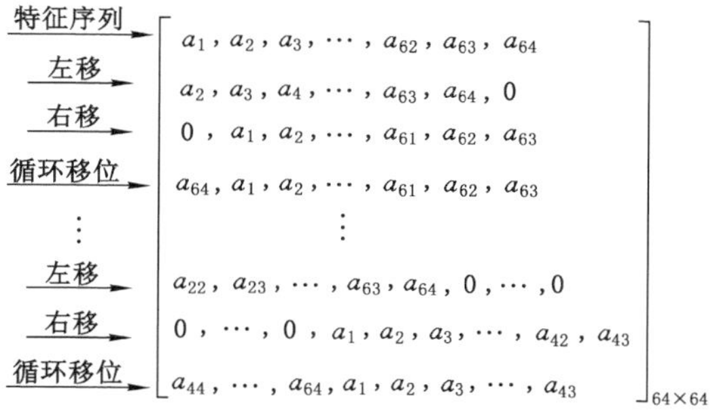

$$\begin{array}{l}\text{特征序列} \longrightarrow \\ \underline{\text{左移}} \longrightarrow \\ \underline{\text{右移}} \longrightarrow \\ \text{循环移位} \longrightarrow \\ \vdots \\ \underline{\text{左移}} \longrightarrow \\ \underline{\text{右移}} \longrightarrow \\ \text{循环移位} \longrightarrow \end{array} \begin{bmatrix} a_1, a_2, a_3, \cdots, a_{62}, a_{63}, a_{64} \\ a_2, a_3, a_4, \cdots, a_{63}, a_{64}, 0 \\ 0, a_1, a_2, \cdots, a_{61}, a_{62}, a_{63} \\ a_{64}, a_1, a_2, \cdots, a_{61}, a_{62}, a_{63} \\ \vdots \\ a_{22}, a_{23}, \cdots, a_{63}, a_{64}, 0, \cdots, 0 \\ 0, \cdots, 0, a_1, a_2, a_3, \cdots, a_{42}, a_{43} \\ a_{44}, \cdots, a_{64}, a_1, a_2, a_3, \cdots, a_{43} \end{bmatrix}_{64 \times 64}$$

图 11-4　特征矩阵构造示意图

$$\boldsymbol{M}_{x,y} = \begin{bmatrix} 0 & 1 \\ 1 & 0 \end{bmatrix}$$

⑤ 生成版权分存图像。根据 (2,2) 可视密码方案,版权分存图像的尺寸与主分存图像的尺寸相等,将版权分存图像分成互不重叠的子块 $\boldsymbol{O}_{x,y}$($x,y=1,2,\cdots,64$),尺寸均为 2×2。对二值水印 $w(x,y)$ 进行次数为 T_2 的 Arnold 变换得到置乱水印图像 W',并结合置乱的特征矩阵 $\boldsymbol{V}'$ 来确定每个子块的内容。

如果 $W'(x,y)=1$ 且 $\boldsymbol{M}_{x,y} = \begin{bmatrix} 1 & 0 \\ 0 & 1 \end{bmatrix}$,则:$\boldsymbol{QQ}_{xy} = \begin{bmatrix} 1 & 0 \\ 0 & 1 \end{bmatrix}$;

如果 $W'(x,y)=1$ 且 $\boldsymbol{M}_{x,y} = \begin{bmatrix} 0 & 1 \\ 1 & 0 \end{bmatrix}$,则:$\boldsymbol{Q}_{xy} = \begin{bmatrix} 0 & 1 \\ 1 & 0 \end{bmatrix}$;

如果 $W'(x,y)=0$ 且 $\boldsymbol{MM}_{x,y} = \begin{bmatrix} 1 & 0 \\ 0 & 1 \end{bmatrix}$,则:$\boldsymbol{Q}_{xy} = \begin{bmatrix} 0 & 1 \\ 1 & 0 \end{bmatrix}$;

如果 $W'(x,y)=0$ 且 $\boldsymbol{M}_{x,y} = \begin{bmatrix} 0 & 1 \\ 1 & 0 \end{bmatrix}$,则:$\boldsymbol{Q}_{xy} = \begin{bmatrix} 1 & 0 \\ 0 & 1 \end{bmatrix}$。

随后,将构造的版权分存图像发送至可信任机构进行存储,便于将来对有争议图像的版权进行认证。

（2）版权认证

如果对于彩色图像 H 存在版权争议时,通过生成争议图像的主分存图像,再与可信任机构提供的版权分存图像进行叠加,从而提取出水印对图像版权进行验证,基本流程如图 11-5 所示。具体过程描述如下:

① 对争议的彩色载体图像进行四元数伪 Fourier-Mellin 变换,根据式 (11-14) 计算 1 阶至 8 阶的不变特征向量;

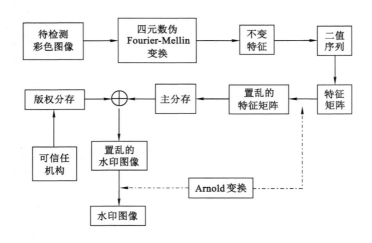

图 11-5　提取水印的过程示意图

② 选择特征向量的中值作为阈值,对特征向量进行二值化;

③ 按照图 11-4 构造特征矩阵 V,并使用 Arnold 变换进行置乱,置乱次数为 T_1;

④ 根据 11.2.2.1 节描述的主分存图像生成规则生成主分存图像;

⑤ 与可信任机构提供的版权分存图像叠加得到图像 W';

⑥ 将步骤⑤得到的图像 W' 划分为互不重叠的子块 $W'_{x,y}(x,y=1,2,\cdots,64)$,尺寸均为 2×2;

⑦ 对每个 2×2 子块求和,根据如下规则得到置乱的水印图像 $W''_{x,y}$:

$$W''_{x,y}=\begin{cases}0,\sum_x\sum_y W'_{x,y}<2\\1,\sum_x\sum_y W'_{x,y}\geqslant2\end{cases}\qquad(11\text{-}18)$$

⑧ 对置乱的水印图像 $W''_{x,y}$ 进行次数为 T_2 的 Arnold 反变换得到水印图像 $W'_{x,y}$。

11.3　实验结果及分析

为了验证 11.2 节所提出的彩色图像水印算法的有效性和鲁棒性,分别对基于双随机相位加密的单彩色水印图像、单彩色/单灰度混合水印图像算法和基于相位迭代恢复的双彩色水印、双彩色/双灰度水印图像算法以及联合不变特征和可视密码的鲁棒彩色图像水印算法进行一系列实验,并将实验结果与现有相关算法的结果进行比较。在实验过程中,引入以下三个客观参数对结果进行评估:

(1) 峰值信噪比(Peak Signal-to-Noise Ratio,PSNR)

PSNR 用来评估水印图像的不可感知性,数值越大的 PSNR 表明嵌入信息的透明性越好。其定义见第 2 章。

(2) 特征相似度(Feature Similarity Index Mersure,FSIM)

FSIM 基于特征相似性的图像质量评估方法[260],这种方法是一种最新的全参考图像质量评价标准,其计算需要两个步骤:首先,计算局部特征,包括相位一致性(Phase Congruency,PC)和梯度幅值(Gradient Magnitude,GM);然后,根据上述局部特征构造图像质量的评估模型。灰度图像的 FSIM 和彩色图像的 FSIMC 的计算过程分别描述如下:

对于灰度图像,令 $f_1(x)$、$f_2(x)$ 分别表示原图像和失真图像,$PC_1(x)$ 和 $G_1(x)$ 表示从 $f_1(x)$ 中提取的相位一致性和梯度幅值,$PC_2(x)$ 和 $G_2(x)$ 表示从 $f_2(x)$ 中提取的相位一致性和梯度幅值(相位一致性和梯度幅值的计算过程可参考文献[260]),则原图像 $f_1(x)$ 与失真图像 $f_2(x)$ 的特征相似度 FSIM 定义为:

$$FSIM = \frac{\sum_{x \in \Omega} S_L(x) PC_m(x)}{\sum_{x \in \Omega} PC_m(x)} \tag{11-19}$$

其中:Ω 表示整个图像空域,$PC_m(x) = \max(PC_1(x), PC_2(x))$;$S_L(x)$ 表示 $f_1(x)$ 与 $f_2(x)$ 之间的相似性,由相位一致相似性 $S_{PC}(x)$ 和梯度幅值相似性 $S_{GM}(x)$ 两部分构成,它们的表达式分别如下,

$$S_L(x) = [S_{PC}(x)]^\alpha \cdot [S_{GM}(x)]^\beta \tag{11-20}$$

$$S_{PC}(x) = \frac{2PC_1(x) \cdot PC_2(x) + T_1}{PC_1^2(x) + PC_2^2(X) + T_1} \tag{11-21}$$

$$S_{GM}(x) = \frac{2GM_1(x) \cdot GM_2(x) + T_2}{GM_1^2(x) + GM_2^2(X) + T_2} \tag{11-22}$$

这里,T_1、T_2 均为非负的常数,α、β 用来表示相位一致特征和梯度幅值特征相对重要性的参数。在下面的实验中,式(11-20)~式(11-22)中的参数设置与文献[260]中的相同,即:$\alpha = \beta = 1$,$T_1 = 0.85$,$T_2 = 160$。

对于彩色图像,根据第 2 章介绍的不同颜色空间之间的关系,首先将彩色图

像从 RGB 颜色空间转换到 YIQ 空间。然后,令 I_1、Q_1 分别表示图像 $f_1(x)$ 的色度空间,I_2、Q_2 分别表示图像 $f_2(x)$ 的色度空间。参考相位一致相似性 $S_{PC}(x)$ 和梯度幅值相似性 $S_{GM}(x)$,定义色彩特征的相似性如下:

$$S_I(x) = \frac{2I_1(x) \cdot I_2(x) + T_3}{I_1^2(x) + I_2^2(x) + T_3} \tag{11-23}$$

$$S_Q(x) = \frac{2Q_1(x) \cdot Q_2(x) + T_4}{Q_1^2(x) + Q_2^2(x) + T_4} \tag{11-24}$$

这里,T_3、T_4 均为非负的常数。将式(11-23)、式(11-24)的色彩特征融合在一起,定义色彩相似性为

$$S_C(x) = S_I(x) \cdot S_Q(x) \tag{11-25}$$

则原彩色图像 $f_1(x)$ 与失真彩色图像 $f_2(x)$ 的特征相似度 FSIMC 定义为

$$\text{FSIM}_C = \frac{\sum_{x \in \Omega} S_L(x) \cdot [S_C(x)]^\lambda \cdot PC_m(x)}{\sum_{x \in \Omega} PC_m(x)} \tag{11-26}$$

其中:λ 的取值为非负,反映颜色特征在相似性中所占的比重。在下面的实验部分,式(11-23)、式(11-24)和式(11-26)中的参数设置与文献[260]中的相同,即:$T_3 = T_4 = 200$,$\lambda = 0.03$。

(3) 归一化系数(Normalized Coefficient,NC)

对于灰度图像,

$$\text{NC} = \frac{\sum_{y=0}^{N-1} \sum_{x=0}^{M-1} f(x,y)\widetilde{f}(x,y)}{\sum_{y=0}^{N-1} \sum_{x=0}^{M-1} f^2(x,y)} \tag{11-27}$$

实验中的所有的彩色图像和灰度图像均选自西班牙格拉纳达大学计算机视觉组的数据库[261],其中灰度图像是由彩色图像转换得到,部分彩色图像如图 11-6 所示。

在 11.3.1 节至 11.3.4 节的实验中,选取如图 11-7 所示的 9 幅彩色图像作为测试图像,其中图 11-7(a)~(e)作为载体图像,尺寸均为 512×512,图 11-7(f)~(i)作为水印图像,其中图 11-7(h)和图 11-7(i)所示的 2 幅灰度水印图像由彩色图像经过灰度变换得到,它们的尺寸均调整为 64×64。在 11.3.5 节的实验中,待测试的彩色载体图像共 60 幅,尺寸均为 512×512,三幅二值水印图像如图 11-8 所示,尺寸为 64×64。

图 11-6　选自西班牙格拉纳达大学计算机视觉组数据库的部分彩色图像

（a）Butterfly　　　（b）House　　　（c）Forest

（d）Boat　　　（e）Lake　　　（f）水印图像 A

（g）水印图像 B　　（h）水印图像 C　　（i）水印图像 D

图 11-7　载体图像和水印图像

(a)   (b)   (c)

图 11-8　待测试的二值水印图像

11.3.1　基于双随机相位加密的单彩色水印算法实验

首先,选择适当的参数 λ_1、λ_2。将图 11-7 中的彩色水印图像 A、B 分别嵌入载体图像并统计不同 λ_1 对应的含水印图像(总共 200 幅)的 PSNR 值,这里 λ_1 从 0 变化到 1.00,步长为 0.05,其他参数的设置为:$\alpha = 0.5$,$\beta = 0.5$,$\gamma = 0.2$,$\mu_1 = \mu_2 = (i+j+k)/\sqrt{3}$。表 11-3 列出了系数 λ_1 变化时得到的含水印的彩色载体图像的 PSNR 的平均值和标准差以及提取的水印图像的 FSIM 平均值及标准差,可以看出:随着系数 λ_1 的不断增大,含水印的彩色载体图像的质量逐渐变差。考虑到水印图像的不可见性和对噪声的抵抗能力,在下面的实验中,λ_1 取值 0.15,此时含水印彩色图像的 PSNR 值大约为 40.00 dB,图 11-9 给出了嵌入了彩色水印 A 的彩色载体图像。

表 11-3　不同 λ_1 对应的含水印图像的 PSNR 变化及提取的水印(平均值±标准差)

λ_1		0.05	0.2	0.35	0.6	0.9
PSNR (dB)	Ave.	49.38	37.78	32.94	28.28	24.78
	Std.	0.782 9	0.874 3	0.879 7	0.879 6	0.872 8
FSIM	Ave.	0.988 5	0.999 0	0.999 5	0.999 5	0.999 0
	Std.	0.001 0	0.000 3	0.000 3	0.000 4	0.000 8

接下来,对所提出水印算法抵抗不同噪声的能力进行实验。将具有零均值、不同方差的高斯噪声和不同密度的椒盐噪声添加到含水印的彩色载体图像,然后提取出水印图像。为了说明本书算法的性能,笔者同时使用文献[238]介绍的基于分数阶 Fourier 变换(FrFT)的彩色图像水印算法进行实验,实验中分数阶

(a) PSNR=40.30 dB

(b) PSNR=38.65 dB

(c) PSNR=40.98 dB

(d) PSNR=40.42 dB

(e) PSNR=40.04 dB

图 11-9　含水印 A 的载体图像(λ_1 取值 0.15)

Fourier 变换的阶次采用文献[238]给出的数值,同时将加权系数选择为 0.20,此时嵌入水印信息的彩色载体图像的 PSNR 也大约为 40.00 dB。需要注意的是,Ge 等的算法描述中载体图像的尺寸和水印图像的尺寸等同,为了公平比较两种算法的优劣,对 Ge 等的算法进行如下处理:采用单通道的中频系数对应的位置作为嵌入水印信息的位置。图 11-10 比较了两种水印算法在高斯噪声和椒盐噪声攻击下提取出的水印图像的平均质量,可以观察到:在不同高斯噪声和椒盐噪声下,通过本书算法恢复出来的水印图像的质量优于采用文献[238]的算法恢复出的水印图像质量。图 11-11 给出了添加噪声后的含水印图像,部分提取出的水印图像如表 11-4 所示,显然,本书算法恢复出的水印图像在视觉上更好一些。

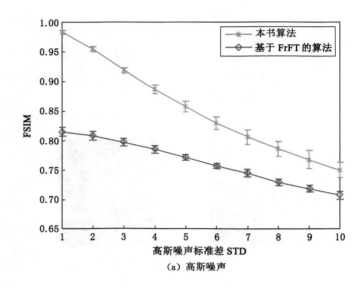

（a）高斯噪声

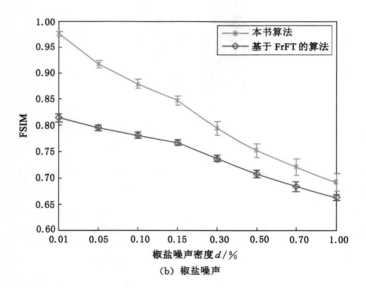

（b）椒盐噪声

图 11-10　不同噪声攻击情况下提取水印图像质量比较

(a)　水印 A+高斯噪声（STD=3），
PSNR=36.33 dB

(b)　水印 B+高斯噪声（STD=9），
PSNR=28.76 dB

(c)水印 A+椒盐噪声（d=0.01%），
PSNR=39.11 dB

(d)　水印 B+椒盐噪声（d=0.5%），
PSNR=28.14 dB

图 11-11　不同噪声攻击下的含水印载体图像 Butterfly

表 11-4　不同水印算法提取的水印图像比较（**Butterfly** 作为载体图像）

水印图像		彩色水印 A		彩色水印 B	
	算法	本书算法	文献[238]算法	本书算法	文献[238]算法
高斯噪声	STD=3	FSIM=0.916 0	FSIM=0.800 5	FSIM=0.923 6	FSIM=0.792 7
	STD=9	FSIM=0.756 1	FSIM=0.715 9	FSIM=0.773 1	FSIM=0.716 8

表 11-4(续)

水印图像		彩色水印 A		彩色水印 B	
算法		本书算法	文献[238]算法	本书算法	文献[238]算法
椒盐噪声	$d=0.01\%$	FSIM=0.972 7	FSIM=0.818 5	FSIM=0.980 1	FSIM=0.809 9
	$d=0.5\%$	FSIM=0.742 2	FSIM=0.706 7	FSIM=0.767 5	FSIM=0.709 3

11.3.2 基于双随机相位的彩色/灰度混合水印算法实验

首先,通过实验确定参数 λ_1、λ_2 的取值。将四幅水印图像分成两组:{A,C}、{B,D},然后将每一组水印图像分别嵌入彩色载体图像并统计不同 λ_1 情况下的含水印载体图像(总共 200 幅)的 PSNR 值,这里 λ_1 从 0 变化到 1.00,步长为 0.05,其他参数的设置为:$\alpha=0.5,\beta=0.5,\gamma=0.2,\mu_1=\mu_2=(i+j+k)$。表 11-5 列出了部分 λ_1 对应的含水印载体图像的 PSNR 的平均值及标准差、提取的水印图像(总共 400 幅)FSIM 平均值及标准差。考虑到水印图像的不可见性和对噪声的抵抗能力,在接下来的实验中,λ_1 取值 0.10,图 11-12 给出了同时嵌入了彩色水印图像 A 和灰度水印图像 C 的彩色载体图像。

表 11-5 不同 λ_1 对应的含水印图像的 PSNR 变化及提取的水印

λ_1		0.05	0.15	0.25	0.35	0.50
PSNR (dB)	Ave.	48.56	39.36	34.95	32.04	28.95
	Std.	0.775 5	0.847 1	0.853 9	0.855 9	0.855 8
FSIM	Ave.	0.978 1	0.996 9	0.998 4	0.998 8	0.998 7
	Std.	0.011 8	0.001 7	0.001 2	0.001 1	0.001 3

注:Ave.表示平均值,Std.表示标准差。

接下来,对所提出的混合水印算法抵抗不同噪声的能力进行实验。将具有零均值、不同方差的高斯噪声和不同密度的椒盐噪声添加到含水印的彩色载体图像,然后提取出水印图像。图 11-13 统计了在不同噪声下提取出的水印图像质量变化,随着噪声的增强,水印图像的质量随之下降。图 11-14 给出了部分添

(a) PSNR=42.45 dB　　(b) PSNR=41.31 dB　　(c) PSNR=43.03 dB

(d) PSNR=42.69 dB　　(e) PSNR=42.43 dB

图 11-12　含混合水印{A,C}的载体图像(λ_1 取值 0.10)

加了噪声的含水印载体图像。部分提取出的水印图像见表 11-6。

表 11-6　彩色图像的混合水印算法提取的水印图像(House 作为载体图像)

水印图像		[A,C]		[B,D]	
		A	C	B	D
算法		本书算法	文献[238]算法	本书算法	文献[238]算法
高斯噪声	STD=3	FSIM=0.861 2	FSIM=0.792 8	FSIM=0.878 3	FSIM=0.703 4
	STD=9	FSIM=0.680 5	FSIM=0.596 0	FSIM=0.715 9	FSIM=0.449 3
椒盐噪声	$d=0.01\%$	FSIM=0.956 3	FSIM=0.918 1	FSIM=0.954 4	FSIM=0.864 2
	$d=1.0\%$	FSIM=0.599 6	FSIM=0.515 1	FSIM=0.643 6	FSIM=0.367 7

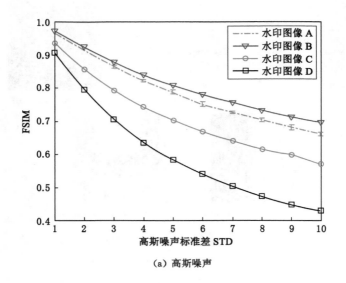

（a）高斯噪声

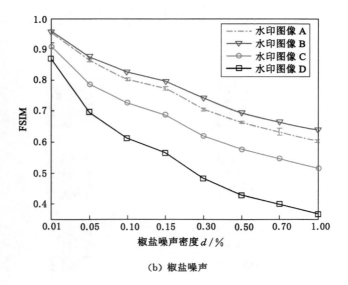

（b）椒盐噪声

图 11-13　不同噪声攻击情况下提取的水印图像质量比较

(a) 水印 {A,C}＋高斯噪声(STD=3)，
PSNR=36.72 dB

(b) 水印 {B,D}＋高斯噪声(STD=9)，
PSNR=28.82 dB

(c) 水印 {A,C}＋椒盐噪声(d=0.01%)，
PSNR=39.95 dB

(d) 水印 {B,D}＋椒盐噪声(d=1.0%)，
PSNR=24.97 dB

图 11-14　不同噪声攻击下的含水印载体图像 House

11.3.3　基于相位迭代恢复的双彩色水印算法实验

实验中，选择彩色图像{A,B}作为待嵌入的水印图像，其他参数的设置如下：α_{11}＝0.16，α_{12}＝0.25，α_{21}＝0.21，α_{22}＝0.45，μ_{11}＝μ_{12}＝(i＋k)/$\sqrt{2}$，γ＝0.8，相位迭代恢复算法中迭代次数为 800，此时恢复出的彩色水印图像 B 的 CC 值为 0.975 6。

然后，通过实验确定适当的参数 λ_1、λ_2。将加密后的水印图像分别嵌入载体图像并统计不同 λ_1 情况下的含水印载体图像(总共 100 幅)的 PSNR 值，这里 λ_1 从 0 变化到 1.0，步长为 0.05，表 11-7 列出了部分 λ_1 对应的含水印载体图像的 PSNR 平均值及标准差、提取的水印图像(总共 200 幅)FSIM 平均值及标准差。考虑到水印图像的不可见性和对噪声的抵抗能力，在下面的实验中，λ_1 取值 0.15，此时嵌入水印的载体图像 PSNR 平均值为 41.38 dB。

表 11-7　不同 λ_1 对应的含水印图像的 PSNR 变化及提取的水印(平均值±标准差)

λ_1		0.05	0.25	0.45	0.65	0.80
PSNR (dB)	Ave.	50.36	37.00	31.91	28.74	26.95
	Std.	0.068 0	0.077 2	0.076 2	0.073 1	0.070 6
FSIM	Ave.	0.969 6	0.978 5	0.978 8	0.978 8	0.978 8
	Std.	0.018 0	0.021 5	0.021 5	0.021 5	0.021 4

　　接下来,考虑含水印图像受到零均值不同方差的高斯噪声、不同密度的椒盐噪声情况下,提取出的水印图像与原水印图像的相似度。图 11-15 统计了在不同噪声下提取出的水印图像质量变化,随着噪声的增强,水印图像的质量随之下降。图 11-16给出了部分添加了噪声的含水印载体图像。部分提取出的水印图像见表 11-8。

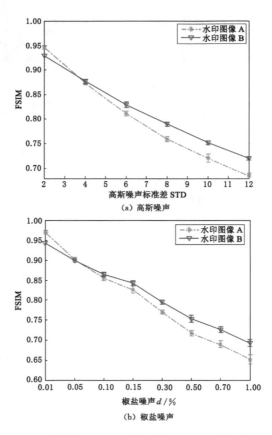

图 11-15　不同噪声攻击情况下提取的水印图像质量比较

（a）高斯噪声(STD=2)，
PSNR=38.68 dB

（b）高斯噪声(STD=12)，
PSNR=26.50 dB

（c）椒盐噪声(d=0.05％)，
PSNR=36.50 dB

（d）椒盐噪声(d=0.7％)，
PSNR=26.54 dB

图 11-16 受噪声攻击的含水印载体图像 Forest

表 11-8 双彩色水印图像算法提取的水印图像(Forest 作为载体图像)

	高斯噪声		椒盐噪声	
	STD＝2	STD＝12	$d＝0.05％$	$d＝0.7％$
A	FSIM＝0.948 9	FSIM＝0.685 1	FSIM＝0.907 8	FSIM＝0.646 2
B	FSIM＝0.927 4	FSIM＝0.716 6	FSIM＝0.898 6	FSIM＝0.682 8

11.3.4 基于相位迭代恢复的双彩色/双灰度混合水印算法实验

实验中,图像$\{A,B,C,D\}$作为待嵌入的水印图像,其他参数的设置如下:$\alpha_{11}=0.16,\alpha_{12}=0.25,\alpha_{21}=0.21,\alpha_{22}=0.45,\mu_{11}=\mu_{12}=(i+k)/\sqrt{2},\gamma=0.8$,相位迭代恢复算法中迭代次数为600,此时恢复出的水印图像$\{B,D\}$的CC值约为0.977 5。

然后,选择适当的参数λ_1、λ_2。将加密后的水印图像分别嵌入载体图像并统计不同λ_1情况下的含水印载体图像(总共100幅)的PSNR值,这里λ_1从0变化到1.0,步长为0.05,部分λ_1对应的水印图像PSNR的平均值及标准差、提取的水印图像(总共400幅)FSIM平均值及其标准差见表11-9。在接下来的实验中,λ_1取值0.10,此时嵌入水印的载体图像PSNR平均值为42.89 dB。

表 11-9 不同 λ_1 对应的含水印图像的 PSNR 变化及提取的水印(平均值±标准差)

λ		0.05	0.15	0.25	0.35	0.5
PSNR (dB)	Ave.	48.60	39.43	35.03	32.12	29.04
	Std.	0.038 0	0.039 6	0.038 0	0.037 0	0.034 1
FSIM	Ave.	0.936 3	0.950 5	0.951 8	0.952 0	0.952 1
	Std.	0.055 5	0.055 9	0.055 9	0.056 0	0.055 9

接下来,考虑含水印图像受到零均值不同方差的高斯噪声、不同密度的椒盐噪声情况下,提取出的水印图像与原水印图像的相似度。图11-17统计了在不同噪声下提取出的水印图像质量变化,随着噪声的增强,水印图像的质量随之下降。图11-18给出了部分添加了噪声的含水印载体图像。部分提取出的水印图像见表11-10。

11.3.5 联合 RST 不变特征和可视密码的彩色图像水印算法实验

本小节对联合不变特征和可视密码的彩色图像数字水印算法性能进行测试,主要包括算法的可行性、对不同攻击(JPEG压缩、零均值不同方差的高斯噪声、不同密度的椒盐噪声、中值滤波、高斯模糊、缩放、旋转和中心剪切)的鲁棒性和安全性三个方面,具体的实验结果和结论分别描述如下。

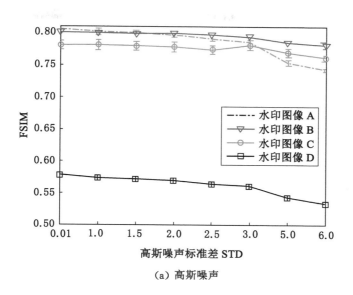

（a）高斯噪声

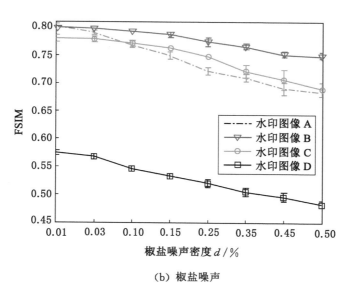

（b）椒盐噪声

图 11-17　不同噪声攻击情况下提取的水印图像质量比较

(a) 高斯噪声(STD=0.01)，
PSNR=37.01 dB

(b) 高斯噪声(STD=2.0)，
PSNR=35.82 dB

(c) 椒盐噪声(d=0.01%)，
PSNR=36.40 dB

(d) 椒盐噪声(d=0.25%)，
PSNR=30.22 dB

图 11-18　受噪声攻击的含水印载体图像 Boat

表 11-10　提取的水印图像(Boat 作为载体图像)

水印	高斯噪声		椒盐噪声	
	STD=0.001	STD=2.0	d=0.01%	d=0.25%
A	 FSIM=0.810 1	 FSIM=0.800 0	 FSIM=0.804 8	 FSIM=0.718 5
B	 FSIM=0.802 0	 FSIM=0.798 2	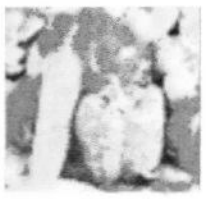 FSIM=0.796 8	 FSIM=0.778 1
C	 FSIM=0.781 8	 FSIM=0.782 0	 FSIM=0.781 3	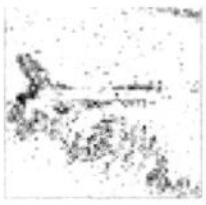 FSIM=0.752 0
D	 FSIM=0.584 2	 FSIM=0.570 9	 FSIM=0.579 4	 FSIM=0.524 0

11.3.5.1　可行性分析

首先,通过实验对算法的可逆性进行验证。根据主分存图像生成算法,使用 60 幅彩色载体图像生成相应的主分存图像,然后结合三幅水印图像,生成与每一幅水印图像相应的版权分存图像,最后再提取出水印图像。实验过程中,特征矩阵的 Arnold 置乱次数设置为 10,二值水印图像的 Arnold 置乱次数设置为 5。实验结果表明:在已知置乱次数的情况下,全部水印图像(共 180 幅)均能够完全恢复出来,且它们的 CC 值均为 1.00,图 11-19 给出了三幅水印图像在不同载体图像下的主分存图像、版权分存图像及恢复出的水印图像,这些结果充分表明本书所提出的彩色图像水印算法的有效性和可行性。

11.3.5.2　安全性分析

接下来,通过实验分析和讨论本书提出的水印算法的安全性能。从理论上来说,只有当主分存图像、相应的版权分存图像以及 Arnold 变换的参数一致时,才能够完整地恢复出水印信息。对于每一幅水印图像,图 11-20 统计了 60 幅彩色载体图像的主分存图像与版权分存图像相互叠加后提取出的水印图像的 NC 值,其中,对角线方向的归一化系数 NC 为 Arnold 变换参数已知情况下的结果。显然,只有在水平面的对角线方向的 NC 值等于 1.00。

11.3.5.3　鲁棒性分析

下面对提出的彩色图像水印算法在嵌入水印后的载体图像受到不同攻击情况下恢复水印信息的性能进行测试。为了更客观地评估本书提出的水印算法的性能,将本算法与文献[27]中介绍的基于分数阶 Fourier 变换(FrFT)和可视密码技术的水印算法进行比较。需要注意的是,文献[27]的算法中讨论的是灰度图像,这里为了能够将该算法应用于彩色图像,对彩色图像作如下两种处理并分别进行实验:第一种处理方法是将彩色图像转换成灰度图像,然后直接使用文献[213]的算法;第二种处理方法是根据文献[253]介绍的方法对彩色图像进行抽样,首先将彩色图像由 RGB 颜色空间转换到 YCbCr 空间下,然后进行 8×8 的非重叠分块,最后采用文献[213]的算法。基于分数阶 Fourier 变换的算法中,变换阶次的参数与文献[213]中相同。实验过程中,主要考虑含水印载体图像受到八种不同攻击(JPEG 压缩、高斯噪声、椒盐噪声、中值滤波、高斯模糊、缩放、旋转和中心剪切)的情况,统计结果如图 11-21 所示,需要指出的是,"FrFT-SVD

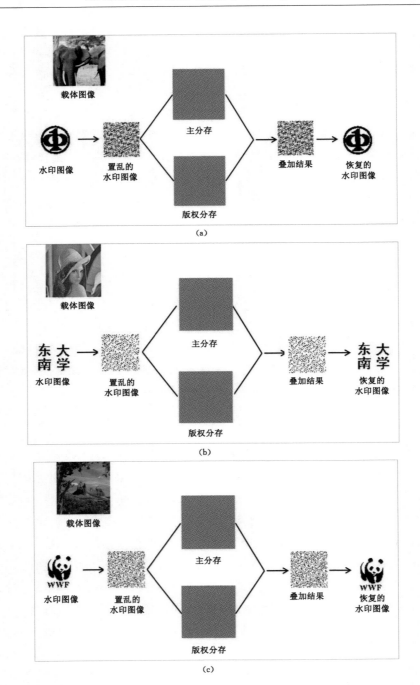

图 11-19　使用不同载体图像和水印图像所得到的分存图像及恢复的水印图像

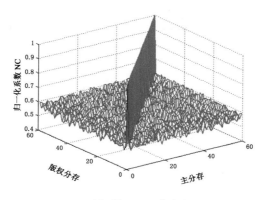

（a）　图11-8（a）作为水印

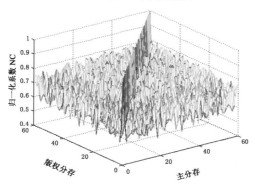

（b）　图11-8（b）作为水印

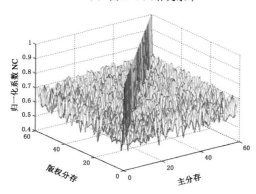

（c）　图11-8（c）作为水印

图 11-20　算法的安全性测试

(4×4)"表示第一种处理方法的结果,"FrFT-SVD(8×8)"表示第二种处理方法的结果,对实验结果的具体分析和讨论如下:

(1) JPEG 压缩:对彩色载体图像进行不同程度的 JPEG 压缩,质量系数 Q 从 90 变化到 10,步长为 10。然后,采用不同算法提取出水印图像(共 4 860 幅)并计算归一化系数,图 11-21(a)统计了不同 JPEG 压缩质量系数下提取出的水印图像的平均归一化系数 NC。可以观察到:随着质量系数的逐渐降低,提取出的水印质量也随之变差,但是本书算法对应的 NC 值变化比较平稳,而且 NC 的值始终最大。

(2) 高斯噪声:将具有零均值、不同方差的高斯噪声添加到彩色载体图像,方差 Var 从 5%增加到 30%,步长为 5%。然后,采用不同算法提取出水印图像(共 3 240 幅)并计算归一化系数,图 11-21(b)统计了不同高斯噪声下提取出的水印图像的平均归一化系数 NC。可以观察到:随着高斯噪声方差的增大,提取出的水印质量也随之变差,但是本书算法对应的 NC 值变化比较平稳,而且 NC 值始终最大。

(3) 椒盐噪声:将不同密度的椒盐噪声添加到彩色载体图像,噪声密度 d 从 5%增加到 30%,步长为 5%。然后,采用不同算法提取出水印图像(共 3 240 幅)并计算归一化系数,图 11-21(c)统计了不同椒盐噪声下提取出的水印图像的平均归一化系数 NC。可以观察到:随着椒盐噪声密度的增大,提取出的水印质量也随之变差,但是本书算法对应的 NC 值变化比较平稳,而且 NC 值始终最大。

(4) 中值滤波:对彩色载体图像进行不同掩模尺寸的中值滤波,窗口尺寸 s 从方差 2 变化到 22,步长为 5。然后,采用不同算法提取出水印图像(共 2 700 幅)并计算归一化系数,图 11-21(d)统计了不同中值滤波下提取出的水印图像的平均归一化系数 NC。可以观察到:随着滤波掩模尺寸的增大,提取出的水印质量也随之变差,但是本书算法对应的 NC 值变化比较平稳,而且 NC 值始终最大。

(5) 高斯模糊:对彩色图像进行不同掩模尺寸的高斯模糊处理,窗口尺寸 s 从3增大到19,步长为 4。然后,采用不同算法提取出水印图像(共 2 700 幅)并计算归一化系数,图 11-21(e)统计了不同高斯模糊掩模尺寸下提取出的水印图像的平均归一化系数 NC。可以观察到:随着高斯模糊掩模尺寸的增大,提取出的水印质量也随之变差,但是本书算法对应的 NC 值变化比较平稳,而且 NC 值始终最大。

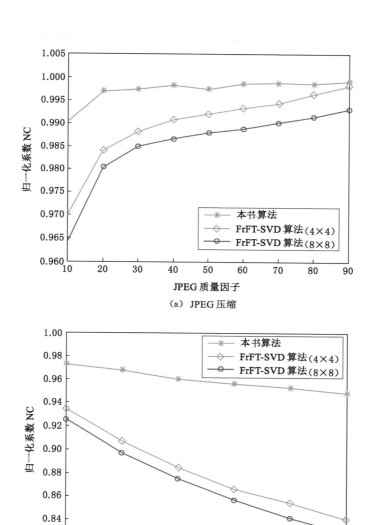

（a）JPEG 压缩

（b）零均值不同方差高斯噪声

图 11-21　不同攻击下不同水印算法的性能比较

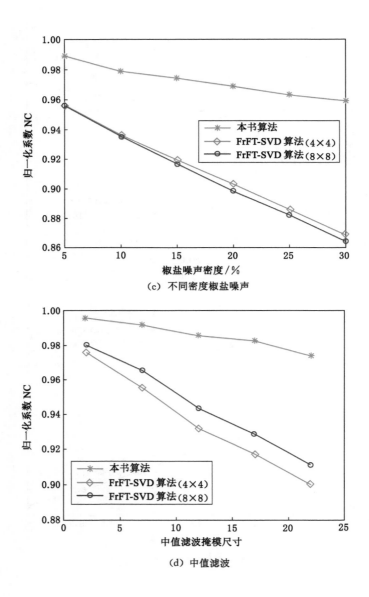

（c）不同密度椒盐噪声

（d）中值滤波

图 11-21（续）

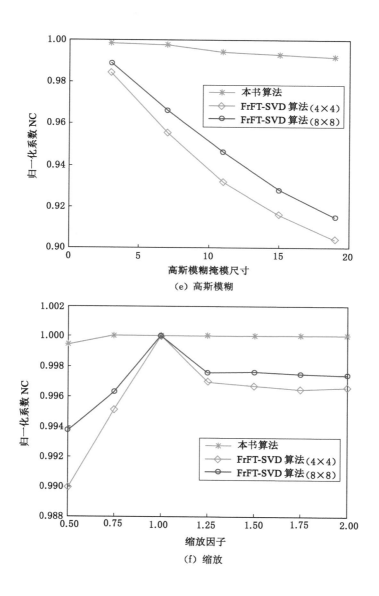

（e）高斯模糊

（f）缩放

图 11-21（续）

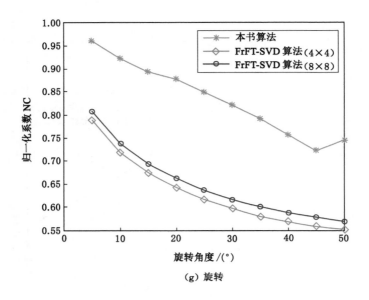

（g）旋转

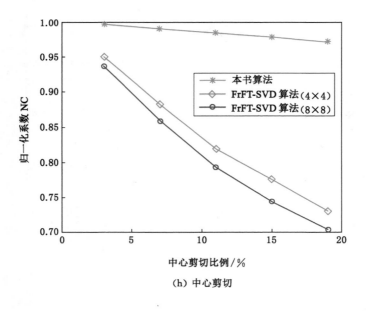

（h）中心剪切

图 11-21（续）

（6）缩放：对彩色载体图像进行不同程度的缩放，缩放系数 λ 从 0.50 增加到 2.00，步长为 0.25。然后，采用不同算法提取出水印图像（共 3 780 幅）并计算归一化系数，图 11-21(f)统计了不同缩放系数下提取出的水印图像的平均归一化系数 NC。可以观察到：在不同缩放系数下，采用本书算法提取出的水印图像的 NC 值比较平稳，而且最大；对于另外两种算法，当缩放系数大于 1.25 时，提取出的水印图像的 NC 值变化比较平稳。

（7）旋转：对彩色图像进行不同角度的旋转，旋转角度 α 从 5°增加到 50°，增量为 5°。然后，采用不同算法提取出水印图像（共 5 400 幅）并计算归一化系数，图 11-21(g)统计了不同旋转角度下提取出的水印图像的平均归一化系数 NC。可以观察到：随着图像旋转角度的增加，提取出的水印质量也随之变差，但是本书算法对应的 NC 值变化比较平稳。究其原因，随着图像旋转角度的增加，图像缺失的内容最值增多。

（8）中心剪切：对彩色载体图像进行不同比例的中心剪切处理，剪切比例 p 从 3%增加到 19%，步长为 4%。然后，采用不同算法提取出水印图像（共 2 700 幅）并计算归一化系数，图 11-21(h)统计了不同中心剪切比例下提取出的水印图像的平均归一化系数 NC。可以观察到：随着中心剪切比例的增加，提取出的水印质量也随之变差，但是本书算法对应的 NC 值比较平稳，而且 NC 值始终最大。

以图 11-8 中所示的第一幅水印图像为例，表 11-11 给出了八种攻击情况下的载体图像以及使用三种不同方法提取出的水印图像，可以观察到，采用本书算法恢复出的水印图像质量在视觉上明显要优于其他两种方法。

表 11-11　不同攻击下使用不同方法提取出的水印图像比较

不同攻击	载体图像	本书算法	FrFT-SVD 算法（4×4）	FrFT-SVD 算法（8×8）
JPEG 压缩（$Q=30$）				
高斯噪声（Var=0.2）				

表 11-11(续)

不同攻击	载体图像	本书算法	FrFT-SVD 算法 (4×4)	FrFT-SVD 算法 (8×8)
椒盐噪声 ($d=0.2$)				
中值滤波 ($s=12$)				
高斯模糊 ($s=15$)				
缩放 ($\lambda=1.25$)				
旋转 ($\alpha=35°$)				
中心剪切 ($p=15\%$)				

11.4　本章小结

　　本章研究融合加密技术的彩色图像四元数变换域水印算法：一方面，结合双随机相位加密技术，对四元数 Gyrator 变换域基于双随机相位加密的单彩色水印图像算法进行研究。实验结果表明，相对于彩色图像单通道嵌入的算法而言，采用四元数表示彩色图像进行整体嵌入水印信息的算法具有更强的鲁棒性。同时,采用相位恢复的过程,将多幅彩色图像融合成单通道的信息,从而实现多幅彩色水印图像的嵌入算法。而且,借助四元数的形式,无论是采用双随机相位加密嵌入水印的算法还是相位恢复的过程嵌入水印的算法,在嵌入单(多)幅彩色水印图像的同时都可以嵌入单(多)幅灰度水印图像,实现了单彩色/单灰度或者多彩色/多灰度混合水印图像的嵌入,极大地提高了水印信息的容量。另一方面,基于联合图像的不变特征和可视密码方案,对四元数表示的彩色图像水印算法进行研究。实验结果表明,与现有的基于可视密码方案的水印算法相比较,本书提出的彩色图像水印算法具有更强的鲁棒性。总的来说,与单一的彩色图像水印算法相比,本章提出的融合加密技术的彩色图像数字水印算法具有高容量、高安全性的优势。

参 考 文 献

[1] DURIC Z,JACOBS M,JAJODIA S.Information hiding:steganography and steganalysis[M]// Rao C R, Wegman E J, Solka J L. Handbook of Statistics.Elsevier,2005:171-187.

[2] 苏庆堂.基于盲提取的彩色图像数字水印算法研究[D].上海:华东理工大学,2013.

[3] KHAN ABID,JABEEN FARHANA,NAZ F,et al.Buyer seller watermarking protocols issues and challenges-a survey[J].Journal of network and computer applications,2016,75:317-334.

[4] WANG F H,PAN J S,JAIN L C.Innovations in digital watermarking[M]. Berlin:Springer,2009.

[5] CEDILLO-HERNANDEZ A, CEDILLO-HERNANDEZ M, GARCIA-UGALDE F, et al. A visible watermarking with automatied location technique for copyright protection of portrait images [J]. IEICE Transactions on information and systems,2016,E99-D (6):1541-1552.

[6] LIN P Y,CHEN Y H,CHANG C C,et al.Contrast-adaptive removable visible watermarking (CARVW) mechanism [J]. Image and vision computing,2013,31 (4):311-321.

[7] 胡永健,余英林.基于小波域的可见水印处理[J].电子学报,2003,4 (4):605-607.

[8] WU X Y,GUAN Z H.A novel digital watermark algorithm based on chaotic maps[J].Physics letters A,2007,365:403-406.

[9] AGARWAL H, RAMAN B, VENKAT I. Blind reliable invisible watermarking method in wavelet domain for face image watermark[J]. Multimedia tools and applications,2015,74 (14):6897-6935.

[10] Binary logo image[EB/OL].http://lamp.cfar.umd.edu.

[11] ASLANTAS V,OZER S,OZTURK S.A novel fragile watermarking based on particle swarm optimization[C]//Proceedings of IEEE International conference on multimedia and expo,2008:269-272.

[12] GHOSAL S K, MANDAL J K. Binomial transform based fragile watermarking for image authentication [J]. Journal of information security and applications,2014,19:272-281.

[13] QI X,XIN X.A singular-value-based semi-fragile watermarking scheme for image content authentication with tamper location[J].Journal of visual communication and image representation,2015,30:312-327.

[14] QIN C,WANG H,ZHANG X,et al.Self-embedding fragile watermarking based on reference-data interleaving and adaptive selection of embedding mode[J].Information sciences,2016,373:233-250.

[15] ZHOU W,YU L,WANG Z,et al.Binocular visual characteristics based fragile watermarking scheme for tamper detection in stereoscopic images [J]. International journal of electronics and communications (AEU), 2016,70:77-84.

[16] VASHISTH S,YADAV A K,SINGH H,et al.Watermarking in gyrator domain using an asymmetric cryptosystem [C]//Proceedings of SPIE international conference on optics and photonics,2015,9654:1-8.

[17] LOU D C, SUNG C H. Asymmetric image watermarking based on reversible chaotic maps[J].The imaging science journal,2013,52 (2): 53-64.

[18] ZHAO B,KOU W,LI H,et al.Effective watermarking scheme in the encrypted domain for buyer-seller watermarking protocol [J].Information sciences,2010,180:4672-4684.

[19] HONG W,CHEN T S,WU H Y.An improved reversible data hiding in encrypted images using side match [J].IEEE Signal processing letters, 2012,19(4):199-202.

[20] CHEN Y C,SHIU C W,HORNG G.Encrypted signal-based reversible data hiding with public key cryptosystem [J]. Journal of visual communication and image representation,2014,25 (5):1164-1170.

[21] SHIU C W,CHEN Y C,HONG W.Encrypted image-based reversible data hiding with public key cryptography from difference expansion [J].Signal processing:image communication,2015,39:226-233.

[22] BRAVO-SOLORIO S,GAN L,NANDI A K,et al.Secure private fragile watermarking scheme with improved tampering localization accuracy [J]. IET Information security,2010,4 (3):137-148.

[23] BOTTA M,CAVAGNINO D,POMPONIU V.A modular framework for color image watermarking [J].Signal processing,2016,119:102-114.

[24] ZAIN J M,BALDWIN L P,CLARKE M.Reversible watermarking for authentication of DICOM images [C]//Proceedings of the 26th annual international conference of the IEEE EMBS,2004:3237-3240.

[25] COATRIEUX G, GUILLOU C L, CAUVIN J M, et al. Reversible watermarking for knowledge digest embedding and reliability control in medical images [J]. IEEE Transactions on information technology in biomedicine,2009,13 (2):158-165.

[26] COATRIEUX G, HUANG H, SHU H Z, et al. A watermarking-based medical image integrity control system and an image moment signature for tampering characterization [J].IEEE Journal of biomedical and health informatic,2013,17 (6):1057-1067.

[27] DZWONKOWSKI M,PAPAJ M,RYKACZEWSKI R.A new quaternion-based encryption method for DICOM images [J].IEEE Transactions on image processing,2015,24 (11):4614-4622.

[28] PLANITZ B,MAEDER A.Medical image watermarking:a study on image degradation [C]//Proceedings of APRS workshop on digital image computing,2005:3-8.

[29] AN L L,GAO X B,LI X L.Robust reversible watermarking via clustering and enhanced pixel-wise masking [J]. IEEE Transactions on image processing,2012,21 (8):3598-3611.

[30] SINGH, CHANDAN, SINGH JASPREET. A survey on rotation invariance of orthogonal moments and transforms[J].Signal processing, 2021,185:108086.

[31] SUK T,FLUSSER J.Projective moment invariants[J].IEEE Transactions

on pattern analysis and machine intelligence,2004,26(10):1364-1367.

[32] TEAGUE M R.Image analysis via the general theory of moments[J]. Journal of the optical society of america,1980,70:920-930.

[33] SHU H,LUO L,COATRIEUX J L.Moment based approaches in imaging part 1: basic features[J]. IEEE Engineering in medicine and biology magazine,2007,26(5):70-74.

[34] COATRIEUX J L.Moment based approaches in imaging part 2:invariance [J].IEEE Engineering in medicine and biology magazine, 2008, 27(1): 81-83.

[35] SHU H,LUO L,COATRIEUX J L.Moment based approach in imaging part 3: computational considerations[J]. IEEE Engineering in medicine and biology magazine,2008,27(3):89-91.

[36] SHU H,LUO L,COATRIEUX J L.Moment based approaches in imaging part 4:some applications[J]. IEEE Engineering in medicine and biology magazine,2008,27(5):116-118.

[37] 舒华忠.矩和矩不变量在图像处理和模式识别中的应用综述[J].四川师范大学学报（自然科学版），2021,44(5):576-585.

[38] CHEN B,SHU H,ZHANG H,et al.Combined invariants to similarity transformation and to blur using orthogonal Zernike Moments[J].IEEE Transactions on image processing,2010,20(2):345-360.

[39] SHU H,ZHANG H,CHEN B,et al.Fast computation of Tchebichef moments for binary and grayscale images[J].IEEE Transactions on image processing,2010,19(12):3171-3180.

[40] ZHANG H,SHU H,HAN G,et al.Blurred image recognition by Legendre moments invariants[J]. IEEE Transactions on image processing,2010,9(3):596-611.

[41] ZHANG H,SHU H,COATRIEUX G,et al.Affine Legendre moment invariant for image watermarking robust to geometric distortions[J]. IEEE Transactions on image processing,2011,20(8):2189-2199.

[42] OUYANG J,COATRIEUX G,SHU H.Robust hashing for image authentication using quaternion discrete Fourier transform and log-polar transform[J].Digital signal processing,2015,41:98-109.

[43] LARI M R A,GHOFRANI S,MCLERNON D.Using curvelet transform for watermarking based on amplitude modulation [J].Signal image and video processing,2014,8 (4):687-697.

[44] WANG X Y,MENG L,YANG H.Geometrically invariant color image watermarking scheme using feature points [J].Science in China series F-information sciences,2009,52 (9):1605-1616.

[45] YESILYUR M,YALMAN Y,OZCERIT A T.A new DCT based watermarking method using luminance component [J].Elektronika elektrotechnika,2013,19 (4):47-52.

[46] KUTTER M,WINKLER S.A vision-based masking model for spread-spectrum image watermarking [J].IEEE Transactions on image processing,2002,11 (1):16-25.

[47] SU Q T,WANG G,ZHANG X F,et al.An improved color image watermarking algorithm based on QR decomposition [J].Multimedia tools and applications,2017,76 (1):707-729.

[48] HUYNH-THE T,BANOS O,LEE S,et al.Improving digital image watermarking by means of optimal channel selection [J].Expert systems with applications,2016,62:177-189.

[49] CEDILLO-HERNÁNDEZ M,GARCIA-UGALDE F,NAKANO-MIYATAKE M,et al.Robust hybrid color image watermarking method based on DFT domain and 2D histogram modification [J].Signal,image and video Processing,2014,8 (1):49-63.

[50] GOL A N E,SEGHIR R,BENZID R.A blind RGB color image watermarking based on Singular Value Decomposition [C]//Proceedings of IEEE/ACS international conference on computer systems and applications,2010:1-5.

[51] SU Q T,NIU Y G,LIU X X,et al.Embedding color watermarks in color images based on Schur decomposition [J].Optics communications,2012, 285:1792-1802.

[52] SONG H.Contourlet based adaptive watermarking for color images [J]. IEICE Transactions on information and systems,2009,E92D (10): 2171-2174.

［53］ AL-OTUM H M,SAMARA N A.A robust color image watermarking based on wavelet-tree bit host difference selection ［J］.Signal processing, 2010,90:2498-2512.

［54］ HITZER E,SANGWINE S J.Quaternion and Clifford Fourier transforms and wavelets ［M］.Heidelberg:Springer,2013.

［55］ SUN J,YANG J Y.Quaternion frequency watermarking algorithm for color images ［C］//Proceedings of international conference on multimedia technology,2010:1-4.

［56］孙菁,杨静宇.四元数域彩色图像整体式水印算法［J］.电子与信息学报, 2012,34 (10):2389-2395.

［57］ OUYANG J,SHU H,WEN X,et al.A blind robust color image watermarking method using quaternion Fourier transform ［C］// Proceedings of international congress on image and signal porocessing, 2013,1:485-489.

［58］ OUYANG J,COATRIEUX G,CHEN B,et al.Color image watermarking based on quaternion Fourier transform and improved uniform log-polar mapping ［J］.Computers & electrical engineering,2015,46:419-432.

［59］ NIU P P,WANG X Y,YIN Q B,et al.A new robust color image watermarking method for multimedia technology enhanced learning protection ［J］.Journal of intelligent & fuzzy systems,2016,31 (5): 2553-2564.

［60］ YANG H,ZHANG Y,WANG P,et al.A geometric correction based robust color image watermarking scheme using quaternion Exponent moments ［J］.OPTIK,2014,125 (16):4456-4469.

［61］ NIU P,WANG X,LIU Y,et al.A robust color image watermarking using local invariant significant bitplane histogram ［J］.Multimedia tools and applications,2017,76:3403-3433.

［62］ WANG X,NIU P,YANG H,et al.A new robust color image watermarking using local quaternion exponent moments ［J］.Information sciences,2014,277: 731-754.

［63］王向阳,杨红颖,牛盼盼,等.基于四元数指数矩的鲁棒彩色图像水印算法 ［J］.计算机研究与发展,2016,53 (3):651-665.

[64] NIU P,WANG P,LIU Y,et al. Invariant color image watermarking approach using quaternion radial harmonic Fourier moments [J]. Multimedia tools and applications,2016,75 (13):7655-7679.

[65] WANG C P,WANG X Y,XIA Z Q,et al. Geometrically resilient color image zero-watermarking algorithm based on quaternion Exponent moments [J].Journal of visual communication and image representation, 2016,41:247-259.

[66] KALRA G S,TALWAR R,SADAWARTI H. Adaptive digital image watermarking for color images in frequency domain [J].Multimedia tools and applications,2015,74 (17):6849-6869.

[67] GUPTA M,PARMAR G,GUPTA R,et al. Discrete wavelet transform-based color image watermarking using uncorrelated color space and artificial bee colony [J].International journal of computational intelligence systems,2015,8 (2):364-380.

[68] REFREGIER P,JAVIDI B.Optical image encryption based on input plane and Fourier plane random encoding [J]. Optics letters, 1995, 20(7): 767-769.

[69] UNNIKRISHNAN G,JOSEPH J,SINGH K. Optical encryption by double-random phase encoding in the fractional Fourier domain [J]. Optics letters,2000,25(12):887-889.

[70] ZHANG Y,ZHENG C,TANNO N.Optical encryption based on iterative fractional Fourier transform [J].Optics communications,2002,202(4-6): 277-285.

[71] HENNELLY B,SHERIDAN J T. Fractional Fourier transform-based image encryption:phase retrieval algorithm [J].Optics communications, 2003,226(1-6):61-80.

[72] JAVIDI B.Optical and digital techniques for information security [M]. New York:Springer,2005.

[73] LIU S,GUO C L,SHERIDAN J T.A review of optical image encryption techniques [J].Optics and laser technology,2014,57:327-342.

[74] ZHANG S Q,KARIM M A.Color image encryption using double random phase encoding [J]. Microwave and optical technology letters, 1999, 21

(5):318-323.

[75] JOSHI M, SHAKHER C, SINGH K. Color image encryption and decryption for twin images in fractional Fourier domain [J]. Optics communications,2008,281(23):5713-5720.

[76] JOSHI M,SHAKHER C,SINGH K.Fractional Fourier transform based image multiplexing and encryption technique for four-color images using input images as keys [J]. Optics communications, 2010, 283 (12): 2496-2505.

[77] 张文全,周南润.基于离散分数随机变换的双彩色图像加密算法[J].电子与信息学报,2012,34(7):1727-1734.

[78] JOSHI M, SHAKHER C, SINGH K. Color image encryption and decryption using fractional Fourier transform [J]. Optics communications,2007,279(1):35-42.

[79] CHEN L,ZHAO D.Color information processing (coding and synthesis) with fractional Fourier transforms and digital holography [J]. Optics express,2007,15(24):16080-16089.

[80] GE F, CHEN L F, ZHAO D M. A half-blind color image hiding and encryption method in fractional Fourier domains [J]. Optics communications,2008,281(17):4254-4260.

[81] CHEN L F,ZHAO D M.Color image encoding in dual fractional Fourier-wavelet domain with random phases [J].Optics communications,2009, 282(17):3433-3438.

[82] JOSHI M, SHAKHER C, SINGH K. Logarithms-based RGB image encryption in the fractional Fourier domain:a non-linear approach [J]. Optics and laser technology,2009,47(6):721-727.

[83] LIU Z J,XU L,LIU T,et al.Color image encryption by using Arnold transform and color-blend operation in discrete cosine transform domains [J].Optics communications,2011,284(1):123-128.

[84] JOSHI M,SINGH K.Simultaneous encryption of a color and a gray-scale images using byte-level encoding based on single-channel double random-phase encoding architecture in fractional Fourier domain [J]. Optical engineering,2011,50(4):047007.

[85] SHI X Y, ZHAO D M. Color image hiding based on the phase retrieval technique and Arnold transform [J]. Applied optics, 2011, 50 (14): 2134-2139.

[86] ABUTURAB M R. Color image security system using double random-structures phase encoding in gyrator transform domain [J]. Applied optics, 2012, 51(15): 3006-3016.

[87] LEE I, CHO M. Double random phase encryption based orthogonal encoding technique for color images [J]. Journal of the optical society of Korea, 2014, 18(2): 129-133.

[88] ZHANG A D, ZHOU N R, GONG L H. Color image encryption algorithm combining compressive sensing with Arnold transform [J]. Journal of computers, 2013, 8(11): 2857-2863.

[89] 盖琪, 王明伟, 李智磊, 等. 基于离散四元数傅立叶变换的双随机相位加密技术[J]. 物理学报, 2008, 57(11): 6961.

[90] 盖琪. 基于四元数理论的彩色图像信息隐藏技术[D]. 天津: 南开大学, 2009.

[91] WANG X Y, WANG A L, YANG H Y, et al. A new robust digital watermarking based on exponent moments invariants in nonsubsampled contourlet transform domain [J]. Computers and electrical engineering, 2014, 40 (3): 942-955.

[92] WANG X Y, WANG C P, YANG H Y, et al. A robust blind color image watermarking in quaternion Fourier transform domain [J]. The journal of systems and software, 2013, 86 (2): 255-277.

[93] QI M, LI B Z, SUN H F. Image watermarking using polar harmonic transform with parameters in SL (2, R) [J]. Signal processing: image communication, 2015, 31: 161-173.

[94] LI L D, LI S S, ABRAHAM A, et al. Geometrically invariant image watermarking using Polar Harmonic Transforms [J]. Information sciences, 2012, 199: 1-19.

[95] HUA K, WANG W. High security self-encoded spread spectrum watermarking using genetic algorithms [J]. Telecommunication systems, 2015, 60 (1): 143-148..

[96] 李旭东. 图像量化水印方法中量化公式的最优化分析[J]. 光电工程, 2010,

37（2）:96-107.

[97] 莫佳.基于变换域的多媒体数字水印关键技术研究[D].成都:电子科技大学,2010.

[98] DONG P,BRANKOV J G,GALATSANOS N P,et al.Digital watermarking robust to geometric distortions[J].IEEE Transactions on image processing,2005,14（12）:2140-2150.

[99] DABOV K,FOI A,KATKOVNIK V,et al.Image denoising by sparse 3-D transform domain collaborative filtering[J].IEEE Transactions on image processing,2007,16（8）:2080-2095.

[100] 汪太月.基于变换域的数字水印算法研究[D].武汉:中国地质大学,2013.

[101] FURON TEDDY.A survey of watermarking security[C]//Proceedings of International workshop of digital watermarking,2005:201-215.

[102] LI S,YIN B,AND DING W,et al.A nonlinearly modulated logistic map with delay for image encryption[J].Electronics,2018,7(11):326.

[103] WANG B,XIE Y,ZHOU C,et al.Evaluating the permutation and diffusion operations used in image encryption based on chaotic maps[J].Optik,2016,127:3541-3545.

[104] LAI Q,LIU Y.A cross-channel color image encryption algorithm using two-dimensional hyper chaotic map [J].Expert systems with applications,2023,223:119923.

[105] 刘春媛.混沌序列复杂度算法及其在图像加密中的应用研究[D].哈尔滨:黑龙江大学,2021.

[106] ALVAREZ G,LI S.Some basis cryptographic requirements for chaos-based cryptosystems [J].International journal of bifurcation and chaos,2006,16(8):2129-2151.

[107] GONZALEZ R C,WOODS R E,EDDINS S L.Digital image processing (third edition)[M].北京:电子工业出版社,2017.

[108] POYNTON C A.A technical introduction to digital video [M].London:Wiley,1996.

[109] YANG C C,KWOK S H.Efficient gamut clipping for color image processing using LHS and YIQ [J].Optical engineering,2003,42（3）:701-711.

[110] THOMAS S W.Efficient inverse color map computation [J].Graphics gems II,1991:116-125.

[111] ASSEFA D,MANSINHA L,TIAMPO K F,et al. The trinion Fourier transform of color images[J].Signal processing,2011,91 (8):1887-1900.

[112] 邢燕.四元数及其在图形图像处理中的应用[M].合肥:合肥工业大学出版社,2016.

[113] 史军.分数傅里叶变换理论及其在信号处理中的应用[D].哈尔滨:哈尔滨工业大学,2013.

[114] TSENG C C. Eigenvalues and eigenvectors of generalized DFT, generalized DHT,DCT-IV and DST-IV matrices [J].IEEE Transactions on signal processing,2002,5 (4):866-877.

[115] YAP P,PARAMESRAN R,ONG S. Image analysis by Krawtchouk moments [J].IEEE Transactions on image processing,2003,12 (11):1367-1377.

[116] NAMIAS V.The fractional order Fourier transform and its application to quantum mechanics [J].IMA Journal of applied mathematics,1980,25:241-265.

[117] MCBRIDE A C,KERR F H.On Namias's fractional Fourier transforms [J].IMA Journal of applied mathematics,1987,39 (2):159-175.

[118] ALMEIDA L B. The fractional Fourier transform and time-frequency representations [J]. IEEE Transactions on signal processing, 1994, 42 (11):3084-3091.

[119] OZAKTAS H M,ZALEVSKY Z,KUTAY M A.The fractional Fourier transform:with applications in optics and signal processing [M]. London,U.K.:Wiley,2001.

[120] TAO R,DENG B,WANG Y.Fractional Fourier transform and its applications [M].Beijing:Tisinghua University Press,2009.

[121] CANDAN C,KUTAY M A,OZAKTAS H M. The discrete fractional Fourier transform [J].IEEE Transactions on signal processing,2000,48 (5):1329-1337.

[122] PEI S,HSUE W,DING J.Discrete fractional Fourier transform based on new nearly tridiagonal commuting matrices [J].IEEE Transactions on

signal processing,2006,54 (10):3815-3828.

[123] HANNA M T,SEIF N P A,AHMED W A E M.Hermite-Gaussian-like eigenvectors of the discrete Fourier transform matrix based on the direct utilization of the orthogonal projection matrices on its eigenspaces [J]. IEEE Transactions on signal processing,2006,54 (7):2815-2819.

[124] PEI S C,YEH M H.Improved discrete fractional Fourier transform [J]. Optics letters,1997,22 (14):1047-1049.

[125] PEI S C,YEH M H,TSENG C.Discrete fractional Fourier transform based on orthogonal projections [J]. IEEE Transactions on signal processing,1999,47 (5):1335-1348.

[126] HANNA M T,SEIF N P A,AHMED W A E M.Hermite-Gaussian-like eigenvectors of the discrete Fourier transform matrix based on the singular-value decomposition of its orthogonal projection matrices [J]. IEEE Transactions on circuits and systems Ⅰ:regular papers,2004,51 (11):2245-2254.

[127] SINGH N,SINHA A.Optical image encryption using fractional Fourier transform and chaos [J].Optics and lasers in engineering,2008,46 (2): 117-123.

[128] SEJDIC E,DJUROVIC I,STANKOVIC L.Fractional Fourier transform as a signal processing tool:an overview of recent developments [J]. Signal processing,2011,91 (6):1351-1369.

[129] PEI S C,YEH M H.Discrete fractional Hadamard transform [C]// Proceedings of IEEE International symposium on circuits and systems, 1999,3:179-182.

[130] PEI S C,YEH M.Discrete fractional Hilbert transform [J].IEEE Transactions oncircuits and systems Ⅱ,analog and digital signal processing,2000,47 (11):1307-1311.

[131] PEI S C,YEH M H.The discrete fractional cosine and sine transforms [J].IEEE Transactions on signal processing,2001,49 (6):1198-1207.

[132] CARIOLARO G,ERSEGHE T,KRANIAUSKAS P.The fractional discrete cosine transform [J].IEEE Transactions on signal processing, 2002,50 (4):902-911.

[133] PEI S C,DING J J.Fractional cosine,sine,and Hartley transforms [J]. IEEE Transactions on signal processing,2002,50 (7):1661-1680.

[134] PEI S C,HSUE W L.Tridiagonal commuting matrices and fractionalizations of DCT and DST matrices of types Ⅰ,Ⅳ,Ⅴ,and Ⅷ[J].IEEE Transactions on signal processing,2008,56 (6):2357-2369.

[135] YAP P,PARAMESRAN R,ONG S.Image analysis by Krawtchouk moments [J].IEEE Transactions on image processing,2003,12 (11): 1367-1377.

[136] YAP P,RAVEENDRAN P,ONG S.Krawtchouk moments as a new set of discrete orthogonal moments for image reconstruction [C]// Proceedings of international joint conference on neural networks (IJCNN),2002,1:908-912.

[137] VENKATARAMANA A,RAJ PA.Image watermarking using Krawtchouk moments [C]//Proceedings of internatin conference on computing:theory and applications,2007:676-680.

[138] PAPAKOSTAS G A,TSOUGENIS E D,KOULOURIOTIS D E.Near optimum local image watermarking using Krawtchouk moments [C]// Proceedings of IEEE international conference on imaging systems and techniques (IST),2010:464-467.

[139] ATAKISHIYEV N M,WOLF K B.Fractional Fourier-Kravchuk transform [J].Journal of the optical society of America A,1997,14 (7): 1467-1477.

[140] FRIEDBERG S H,INSEL A J,SPENCE L E.Linear Algebra [M]. Englewood Cliffs,NJ:Prentice-Hall,1979.

[141] LAWSON T.Linear Algebra [M].New York:John Wiley & Sons,1996.

[142] STEWART G W.Introduction to Matrix Computations [M].New York: Academic Press,1973.

[143] 王丰,邵珠宏,王云飞,等.Gyrator 变换域的高鲁棒多图像加密算 法.中国图象图形学报,2020,25(7):1366-1379.

[144] MERLINI D,SPRUGNOLI R,VERRI M C.The method of coefficients [J].American mathematical monthly,2007,114 (1):40-57.

[145] GESSEL A M.The method of coefficients [C]//Proceedings of Waterloo

workshop on computer algebra, Waterloo, Ontario, 2008：1-23.

[146] XIAO B, MA J F, WANG X. Image analysis by Bessel-Fourier moments [J]. Pattern recognition, 2010, 43 (8)：2620-2629.

[147] MILLER M L, DO RR G J, COX I J. Applying informed coding and embedding to design a robust high-capacity watermark [J]. IEEE Transactions on image processing, 2004, 13 (6)：792-807.

[148] SWANSON M D, KOBAYASHI M, TEWFIK A H. Multimedia data-embedding and watermarking technologies [J]. Proceedings of the IEEE international conference on digital signal processing, 1998, 86 (6)：1064-1087.

[149] BARNI M, BARTOLINI F, CAPPELLINI V, et al. A DCT-domain system for robust image watermarking [J]. Signal processing, 1998, 66 (3)：357-372.

[150] SWANSON M D, ZHU B, TEWFIK A H. Transparent robust image watermarking [C]//Proceedings of IEEE international conference on image processing, 1996, 3：211-214.

[151] SHAO Z, SHANG Y, ZHANG Y, et al. Robust watermarking using orthogonal Fourier-Mellin moments and chaotic map for double images [J]. Signal processing, 2016, 120：522-531.

[152] CHU W C. DCT-based image watermarking using subsampling [J]. IEEE Transactions on multimedia, 2003, 5 (1)：34-38.

[153] DJUROVIC I, STANKOVIC S, PITAS I. Digital watermarking in the fractional Fourier transformation domain [J]. Journal of network and computer applications, 2001, 24 (2)：167-173.

[154] LAI C C, TSAI C C. Digital image watermarking using discrete wavelet transform and singular value decomposition [J]. IEEE Transactions on instrumentation and measurement, 2010, 59 (11)：3060-3063.

[155] ALGHONIEMY M, TEWFIK A H. Geometric invariance in image watermarking [J]. IEEE Transactions on image processing, 2004, 13 (2)：145-153.

[156] CAI N, ZHU N, WENG S, et al. Difference angle quantization index modulation scheme for image watermarking [J]. Signal processing：image

communication,2015,34:52-60.

[157] WANG C P, WANG X Y, XIA Z Q. Geometrically invariant image watermarking based on fast Radial Harmonic Fourier moments [J]. Signal processing:image communication,2016,45:10-23.

[158] AHMIDI N, SAFABAKHSH. A novel DCT-based approach for secure color image watermarking [C]//Proceedings of International conference on information technology:coding and computing,2004,2:709-713.

[159] MENG X.CAI L, YANG X,et al.Digital color image watermarking based on phase-shifting interferometry and neighboring pixel value subtraction algorithm in the discrete-cosine-transform domain [J]. Applied optics, 2007,46 (21):4694-4701.

[160] REED A M, HANNIGAN B T. Adaptive color watermarking [C]// Proceedings of SPIE,2002,4675:222-229.

[161] KUTTER M,JORDAN F,BOSSEN F.Digital signatures of color images using amplitude modulations [C]//Proceedings of SPIE, 1997, 3022: 518-526.

[162] RZADKOWSKI W, SNOPEK K. A new quaternion color image watermarking algorithm [C]//Proceedings of IEEE International conference on intelligent data acquisition and advanced computing systems:technology and applications,2015:245-250.

[163] TREMEAU A,MUSELET D.Recent trends in color image watermarking [J]. Journal of imaging science and technology,2009,53 (1):0102011-01020115.

[164] HAMILTON W R. Elements of Quaternion [M]. London, U. K.: Longman,1866.

[165] ElL T A,SANGWINE S J.Hypercomplex Fourier transforms of color Images [J].IEEE Transactions on image processing,2007,16 (1):22-35.

[166] ELL T A.Quaternion-Fourier transforms for analysis of two-dimensional linear time-invariant partial differential systems [C]//Proceedings of 32nd IEEE conference on decision and control,1993:1830-1841.

[167] SANGWINE S J. The discrete quaternion Fourier transform [C]// Proceedings of IEEE International conference on image processing, 1997,2:14-17

[168] BAHRI M, ASHINO R, VAILLANCOURT R. Two-dimensional quaternion wavelet transform [J]. Applied mathematics and computation,2011,218 (1):10-21.

[169] GUO L,DAI M,ZHU M.Quaternion moment and its invariants for color object classification [J].Information sciences,2014,273:132-143.

[170] TSOUGENIS E, PAPAKOSTAS G, KOULOURIOTIS D, et al. Adaptive color image watermarking by the use of quaternion image moments [J]. Expert systems with applications, 2014, 41 (14): 6408-6418.

[171] SHAO Z H,DUAN Y P,COATRIEUX G,et al.Combining double random phase encoding for color image watermarking in quaternion gyrator domain [J].Optics communications,2015,343:56-65.

[172] AN M,WANG W,ZHAO Z.Digital watermarking algorithm research of color images based on quaternion Fourier Transform [C]//Proceedings of SPIE multispectral image acquisition,processing,and analysis,2013, 8917:1-8.

[173] LEI B,NI D,CHEN S,WANG T,et al.Optimal image watermarking scheme based on chaotic map and quaternion wavelet transform [J]. Nonlinear dynamics,2014,78 (4):2897-2907.

[174] LANG F N, ZHOU J L, CANG S, et al. A self-adaptive image normalization and quaternion PCA based color image watermarking algorithm [J]. Expert systems with applications, 2012, 39 (15): 12046-12060.

[175] BAS P,BIHAN N L,CHASSERY J M.Color image watermarking using quaternion Fourier transform [C]//Proceedings of IEEE international conference on acoustics,speech,and signal processing (ICASSP'03), 2003,3:521-524.

[176] TSOUGENIS E D,PAPAKOSTAS G A,KOULOURIOTIS D E,et al. Color image watermarking via quaternion radial Tchebichef moments [C]//Proceedings of IEEE international conference on imaging systems and techniques,2013:101-105.

[177] TSUI T K,ZHANG X,ANDROUTSOS D.Color image watermarking

using the spatio-chromatic Fourier transform [C]//Proceedings of IEEE international conference on acoustics speech and signal processing,2006, 2:305-308.

[178] TSUI T K,ZHANG X,ANDROUTSOS D.Color image watermarking using multidimensional Fourier transforms [J].IEEE transactions on information forensics and security,2008,3 (1):16-28.

[179] 江淑红,张建秋,胡波.一种超复数频域的有意义数字水印算法[J].系统工程与电子技术,2009,31 (9):2242-2248.

[180] CHEN B J,COATRIEUX G,CHEN G,et al.Full 4-D quaternion discrete Fourier transform based watermarking for color images [J].Digital signal processing,2014,28 (5):106-119.

[181] WANG C P,WANG X Y,ZHANG C,et al.Geometric correction based color image watermarking using fuzzy least squares support vector machine and Bessel K form distribution [J].Signal processing,2017, 134:197-208.

[182] LABUNETS V.Clifford algebras as unified language for image processing and pattern recognition,J. Byrnes (ed.),Computational Noncommutative Algebra and Applications [M].Netherlands:Kluwer Academic Publisher,2004.

[183] RUNDBLAD-LABUNETS E,LABUNETS V.Spatial-color clifford algebras for invariant image recognition,G. Sommer (Ed.),Geometric computing with cliffordalgebra [M].Berlin:Springer,2001.

[184] MUTZE U.Quaternions - Redundancy + Efficiency = Ternions,Math. Phys.,Preprint Archive 05-53 [EB/OL].Available:ftp://www. math. utexas.edu/pub/mp_arc/html/c/05/05-53.pdf.

[185] GOU X,LIU Z,LIU W,et al.Three-dimensional wind profile prediction with trinion-valued adaptive algorithms [C]//Proceedings of IEEE international conference on digital signal processing,2015:566-569.

[186] LABUNETS V,MAIDAN A,LABUNETS-RUNDBLAD E,et al.Colour triplet-valued wavelets and splines [C]//Proceedings of the 2nd international symposium on image and signal processing and analysis (ISPA),2011:535-540.

[187] RAMKUMAR M, AKANSU A N. Signaling methods for multimedia steganography[J].IEEE Transactions on signal processing,2004,52 (4): 1100-1111.

[188] CVG color image database [EB/OL]. http://decsai. ugr. es/cvg/ index2.php.

[189] SOLACHIDIS V,PITAS I.Circularly symmetric watermark embedding in 2-D DFT domain [J].IEEE Transactions on image processing,2001, 10 (11):1741-1753.

[190] PEREIRA S, PUN T. Robust template matching for affine resistant image watermarks [J].IEEE Transactions on image processing,2000,9 (6):1123-1129.

[191] ABD E A, LI L, WANG N, et al. A new approach to chaotic image encryption based on quantum chaotic system,exploiting color spaces[J]. Signal processing,2013,93(11):2986-3000.

[192] SIRINUKUNWATTANA K, PLUIM J, CHEN H, et al. Gland segmentation in colon histology images:The glas challenge contest[J]. Medical image analysis,2017,35:489-502.

[193] YAO S,CHEN L,ZHONG Y.An encryption system for color image based on compressive sensing[J].Optics and lasers technology,2019, 120:105703.

[194] CHEN X,WANG Y,WANG J,et al.Asymmetric color cryptosystem based on compressed sensing and equal modulus decomposition in discrete fractional random transform domain[J].Optics and lasers in engineering,2019,121:143-149.

[195] CHEN H,LIU Z,ZHU L,et al.Asymmetric color cryptosystem using chaotic Ushiki map and equal modulus decomposition in fractional Fourier transform domains[J].Optics and lasers in engineering,2019, 112:7-15.

[196] ZHU Z,CHEN X,WU C,et al.An asymmetric color-image cryptosystem based on spiral phase transformation and equal modulus decomposition [J].Optics and lasers technology,2020,126:106106.

[197] PEI S C,DING J J,CHANG J H.Efficient implementation of quaternion

Fourier transform, convolution, and correlation by 2-D complex FFT [J].IEEE Transactions on signal processing,2001,49 (11):2783-2797.

[198] SHAO Z,DUAN Y,COATRIEUX G,et al.Combining double random phase encoding for color image watermarking in quaternion gyrator domain[J].Optics communications,2015,343:56-65.

[199] XIAO B,LUO J,BI X,et al.Fractional discrete Tchebyshev moments and their applications in image encryption and watermarking [J]. Information sciences,2020,516:545-559.

[200] CHEN B,ZHOU C,JEON B,et al.Quaternion discrete fractional random transform for color image adaptive watermarking[J].Multimeida tools and applications,2018,77:0809-20837.

[201] HU T,HSU L,CHOU H.An improved SVD-based blind color image watermarking algorithm with mixed modulation incorporated [J]. Information Sciences,2020,519:161-182.

[202] LIU X,WU J,SHAO Z,et al.Fractional Krawtchouk transform with an application to image watermarking [J]. IEEE Transactions on signal processing,2017,65 (7):1894-1908.

[203] ZHANG L,WEI D.Image watermarking based on matrix decomposition and gyrator transform in invariant integer wavelet domain[J]. Signal processing,2020,169:107421.

[204] SHAHDOOSTI H,SALEHI M.Transform-based watermarking algorithm maintaining perceptual transparency[J].IET Image processing,2018,12 (5): 751-759.

[205] GUO J,PRASETYO H.False-positive-free SVD-based image watermarking [J].Journal of visual communication and image representation,2014,25 (5): 1149-1163.

[206] PEI S C,LIU H H,LIU T J,et al.Color image watermarking using SVD [C]//Proceedings of IEEE international conference on multimedia and expo,2010:122-126.

[207] NAOR N,SHAMIR A.Visual cryptography [C]//Proceedings of Advances in Cryptology:Eurocrypt'94,1995:1-12.

[208] CIMATO S,YANG J,WU C C.Visual cryptography based watermarking [J].

Transactions on DHMS IX,LNCS,2014,8363:91-109.

[209] The USC-SIPI image database[EB/OL].http://sipi.usc.edu/database/.

[210] CHEN T H, HORNG G, LEE W B. A publicly verifiable copyright-proving scheme resistant to malicious attacks [J].IEEE Transactions on industrial electronics,2005,52 (1):327-334.

[211] MPEG-7 database[EB/OL]. http://www. dabi. temple. edu/~ shape/ MPEG7/dataset.html.

[212] CHANG C, HSIAO J, YEH J. A colour image copyright protection scheme based on visual cryptography and discrete cosine transform [J]. The imaging science journal,2002,50:133-140.

[213] RAWAT S, RAMAN B. A blind watermarking algorithm based on fractional Fourier transform and visual cryptography [J]. Signal processing,2012,92:1480-1491.

[214] LIU Z, YANG M L, YAN W Q. Image encryption based on double random phase encoding[C]//International conference on image and vision computing New Zealand,2017:1-6.

[215] HSUE W L. Enhancing security of double random phase encryption schemes based on discrete fractional Fourier transforms [J]. IEEE Transactions on circuits and systems Ⅱ:express briefs,2019,66 (9): 1602-1606.

[216] KANG X J, TAO R. Color image encryption using pixel scrambling operator and reality-preserving MPFRHT [J]. IEEE Transactions on circuits and systems for video technology,2019,29 (7):1919-1932.

[217] WANG X L,ZHAI H C,LI Z L.Double random-phase encryption based on discrete quaternion Fourier-transforms [J].Optik,2011,122 (20): 1856-1859.

[218] XU G L,WANG X T,XU X G.Fractional quaternion Fourier transform, convolution and correlation [J]. Signal processing, 2008, 88 (10): 2511-2517.

[219] LI H J,WANG Y.Double-image encryption based on iterative gyrator transform [J].Optics communications,2008,281(23):5745-5749.

[220] LIU Z J,GUO Q,XU L,et al.Double image encryption by using iterative

randombinary encoding in gyrator domains [J].Optics express,2010,18 (11):12033-12043.

[221] LI H J,WANG Y R,YAN H T,et al.Double-image encryption by using chaos-based local pixel scrambling technique and gyrator transform [J]. Optics and lasers in engineering,2013,51:1327-1331.

[222] LIU Z J,XU L,GUO Q,et al. Image watermarking by using phase retrieval algorithm in gyrator transform domain [J]. Optics communications,2010,283:4923-4927.

[223] TAO R,XIN Y,WANG Y.Double image encryption based on random phase encoding in the fractional Fourier domain [J].Optics express, 2007,15(24):16067-16079.

[224] LIU Z J,DAI J M,SUN X G,et al.Triple image encryption scheme in fractional Fourier transform domains [J].Optics communications,2009, 282(4):518-522.

[225] WU J H,LUO X Z,ZHOU N R.Four-image encryption method based on spectrum truncation,chaos and the MODFrFT [J].Optics and lasers in engineering,2013,45:571-577.

[226] LIU Z J,LIU S T.Double image encryption based on iterative fractional Fourier transform [J].Optics communications,2007,275:324-329.

[227] SUI L S,XIN M T,TIAN A L.Multiple-image encryption based on phase mask multiplexing in fractional Fourier transform domain [J]. Optics letters,2013,38(11):1996-1998.

[228] SANGWINE S,BIHAN N L.Quaternion toolbox for Matlab[EB/OL]. http://qtfm.sourceforge.net.

[229] JOSHI M, SHAKHER C, SINGH K. Color image encryption and decryption for twin images in fractional Fourier domain [J]. Optics communications,2008,281(23):5713-5720.

[230] NAOR M, SHAMIR A. Visual cryptography [C]//Advances in Cryptology-Eurocrypt'94,Lecture Notes in Computer Science.Springer-Verlag,Berlin,Germany,1995:1-12.

[231] BLUNDO C,SANTIS A D,MONI N.Visual cryptography for grey level images [J].Information processing letters,2000,75:255-259.

[232] TSENG Y, CHEN Y, PAN H.A secure data hiding scheme for binary images [J]. IEEE Transactions on communications, 2002, 50 (8): 1227-1231.

[233] LIN C, TSAI W.Visual cryptography for gray-level images by dithering techniques[J].Pattern recognition letters,2003,24:349-358.

[234] 张海波.可视秘密共享研究[D].哈尔滨:哈尔滨工程大学,2009.

[235] 董昊聪.可视密码及其应用研究[D].西安:西安电子科技大学,2012.

[236] ZHOU Z, ARCE G R, CRESCENZO G D.Halftone visual cryptography [J].IEEE Transactions image processing,2006,15(8):2441-2453.

[237] LIAN S G, LIU Z X, ZHEN R, et al.Commutative watermarking and encryption for media data [J].Optical engineering,2006,45(8):080510.

[238] GE F, CHEN L F, ZHAO D M.A half-blind color image hiding and encryption method in fractional Fourier domains [J]. Optics communications,2008,281(17):4254-4260.

[239] GUO Q, LIU Z J, LIU S T.Image watermarking algorithm based on fractional Fourier transform and random phase encoding [J]. Optics communications,2011,284(16-17):3918-3923.

[240] BOUSLIMI D, COATRIEUX G, COZIC M, et al.A joint encryption/ watermarking system for the reliability of medical images [J].IEEE Transactions on information technology in biomedicine, 2012, 16 (5): 891-899.

[241] LIU S, HENNELLY B M, SHERIDAN J T.Digital image watermarking spread-space spread-spectrum technique based on double random phase encoding [J].Optics communications,2013,300:162-177.

[242] NISHCHAL N K.Hierarchical encrypted image watermarking using fractional Fourier domain random phase encoding [J]. Optical engineering,2011,50(9):097003.

[243] LI J Z.An optimized watermarking scheme using an encrypted gyrator transform computer generated hologram based on particle swarm optimization [J].Optic express,2014,22(8):10002-10016.

[244] CHANG C, CHUANG J. An image intellectual property protection scheme for gray-level images using visual secret sharing strategy [J].

Pattern recognition letters,2002,23:931-941.

[245] HSU C,HOU Y.Copyright protection scheme for digital images using visual cryptography and sampling methods [J]. Optical engineering, 2005,44(7):077003.

[246] WANG M,CHEN W.A hybrid DWT-SVD copyright protection scheme based on k-means clustering and visual cryptography [J]. Computer standards & interfaces,2009,31:757-762.

[247] CHEN T,CHANG C,WU C,et al. On the security of a copyright protection scheme based on visual cryptography [J].Computer standards & interfaces,2009,31:1-5.

[248] LIU F, WU C K. Robust visual cryptography-based watermarking scheme for multiple cover images and multiple owners [J]. IET Information security,2011,5(2):121-128.

[249] BENYOUSSEF M,MABTOUL S,MARRAKI M E,et al.Blind invisible watermarking technique in DT-CWT domain using visual cryptography [C]//17th international conference on image analysis and processing (ICIAP 2013),2013,LNCS8156:813-822.

[250] CIMATO S, YANG J C, WU C. Visual cryptography based watermarking definition and meaning [C]//11th International workshop digital forensics and watermarking (IWDW 2012),2012,LNCS7809:435-448.

[251] GAO G Y,JIANG G P.Bessel-Fourier moment-based robust image zero-watermarking[J]. Multimedia tools and applications, 2015, 74 (3): 841-858.

[252] HSIEH S,JIAN J,TSAI I,et al.A Color Image Watermarking Scheme Based on Secret Sharing and Wavelet Transform [C]//IEEE international conference on systems, man and cybernetics, 2007: 2143-2148.

[253] HSIEH S L, HSU L Y, TSAI I J. A copyright protection scheme for color images using secret sharing and wavelet transform [J]. International journal computer and information engineering, 2007, 1 (10):3168-3174.

[254] HSIEH S, TSAI I, HUANG B, et al. Protecting copyrights of color

images using a watermarking scheme based on secret sharing[J].Journal of multimedia,2008,3(4):42-49.

[255] KHAN A,SIDDIQA A,MUNIB S,et al.A recent survey of reversible watermarkingtechniques[J].Information sciences,2014,279:251-272.

[256] XIAO B,MA J F,CUI J T.Combined blur,translation,scale and rotation invariant image recognition by Radon and pseudo-Fourier-Mellin transforms[J].Pattern recognition,2012,45:314-321.

[257] 丁玮,闫伟奇,齐东旭.基于 Arnold 变换的数字图像置乱技术[J].计算机辅助设计与图形学学报,2001,13(4):338-341.

[258] 邹建成,铁小匀.数字图像的二维 Arnold 变换及其周期性[J].北方工业大学学报,2000,12(1):10-14.

[259] WU L L,ZHANG J W,DENG W T,et al.Arnold transformation algorithm and anti-Arnold transformation algorithm [C]//1st International conference information science and engineering,2009:1164-1167.

[260] ZHANG L,ZHANG D,MOU X Q,et al.FSIM:A feature similarity index for image quality assessment[J].IEEE Transactions on image processing,2011,20(8):2378-2386.

[261] CVG image database[EB/OL].http://decsai.ugr.es/cvg/dbimag.

附 录 A

定理 4.1 的证明。要证明定理 4.1,我们需要给出两个引理。

在引理证明前,首先给出一些符号定义和基本性质。

1. 假设 $f(t)$ 为标准的幂级数,$f(t)$ 中 t^k 的系数记为 $[t^k]f(t)$。假设 $f(t),g(t)$ 为两个标准的幂级数,则它们之间的系数存在如下关系[144]:

$$[t^n]f(t)g(t) = \sum_{k=0}^{n}([y^k]f(y))[t^{n-k}]g(t) \tag{A1}$$

$$[t^n]f(t)g(t) = \sum_{k=0}^{n}([y^k]f(y))[t^{n-k}]g(t)^k \tag{A2}$$

2. 因为 x^k 在 $(1+x)^n$ 中的系数为 $\begin{pmatrix} n \\ k \end{pmatrix}$,$y^{n-k}$ 在 $(1+y)^{M-k}$ 中的系数为 $\begin{pmatrix} M-k \\ n-k \end{pmatrix}$,则有 $\begin{pmatrix} n \\ k \end{pmatrix} = [x^k](1+x)^n$,$\begin{pmatrix} M-k \\ n-k \end{pmatrix} = [y^{n-k}](1+y)^{M-k}$。为了简单起见,二项式系数还可以表示为多项式常数项的形式,记求多项式常数的符号为 CT[145],则

$$\begin{pmatrix} n \\ k \end{pmatrix} = CT \frac{(1+x)^n}{x^k} \tag{A3}$$

$$\begin{pmatrix} M-k \\ n-k \end{pmatrix} = CT \frac{(1+y)^{M-k}}{y^{n-k}} \tag{A4}$$

此时,如果一个表达式中有两个变量 x 和 y,则 CT_x 表示关于 x 的常数项,并且 $CT_{x,y}$ 表示关于 x 和 y 的常数项。

下面首先给出引理 A1 和引理 A2。

引理 A1 令 M,n,k 为非负整数,并且满足 $M \geqslant n \geqslant k$,$\xi$ 为任意常数,则等式(A5)成立:

$$\sum_{k=0}^{n} \xi^k \begin{pmatrix} n \\ k \end{pmatrix} \begin{pmatrix} M-k \\ n-k \end{pmatrix} = \sum_{k=0}^{n} (1+\xi)^k \begin{pmatrix} n \\ k \end{pmatrix} \begin{pmatrix} M-n \\ n-k \end{pmatrix} \tag{A5}$$

证明 由式（A3）和（A4）可知，

$$\sum_{k=0}^{n}\xi^{k}\begin{bmatrix}n\\k\end{bmatrix}\begin{bmatrix}M-k\\n-k\end{bmatrix}=CT_{x,y}\sum_{k=0}^{n}\xi^{k}\frac{(1+x)^{n}}{x^{k}}\frac{(1+y)^{M-k}}{y^{n-k}}$$

$$=CT_{x,y}\sum_{k=0}^{n}\frac{(1+x)^{n}}{x^{k}}\left(\frac{\xi y}{1+y}\right)^{k}\frac{(1+y)^{M}}{y^{n}} \tag{A6}$$

$$=CT_{y}\sum_{k=0}^{n}\frac{(1+y)^{M}}{y^{n}}CT_{x}\frac{(1+x)^{n}}{x^{k}}\left(\frac{\xi y}{1+y}\right)^{k}$$

此外，由文献[144]中的变量消除法则可知，对于任意幂级数 $f(x)$，如果 θ 与 x 相互独立，则

$$CT_{x}\sum_{k=0}^{n}\frac{f(x)}{x^{k}}\theta^{k}=\sum_{k=0}^{n}\{[x^{k}]f(x)\}\theta^{k}=f(\theta) \tag{A7}$$

于是，由（A7）可得

$$CT_{x}\sum_{k=0}^{n}\frac{(1+x)^{n}}{x^{k}}\left(\frac{\xi y}{1+y}\right)^{K}=\left(1+\frac{\xi y}{1+y}\right)^{n} \tag{A8}$$

将（A8）代入（A6）可得

$$\sum_{k=0}^{n}\xi^{k}\begin{bmatrix}n\\k\end{bmatrix}\begin{bmatrix}M-k\\n-k\end{bmatrix}=CT_{y}\left(1+\frac{\xi y}{1+y}\right)^{n}\frac{(1+y)^{M}}{y^{n}} \tag{A9}$$

另一方面，

$$\sum_{k=0}^{n}(1+\xi)^{k}\begin{bmatrix}n\\k\end{bmatrix}\begin{bmatrix}M-n\\n-k\end{bmatrix}=CT_{x,y}\sum_{k=0}^{n}(1+\xi)^{k}\frac{(1+x)^{n}}{x^{k}}\frac{(1+y)^{M-n}}{y^{n-k}}$$

$$=CT_{x,y}\sum_{k=0}^{n}\frac{(1+x)^{n}}{x^{k}}((1+\xi)y)^{k}\frac{(1+y)^{M-n}}{y^{n}}$$

$$=CT_{y}\sum_{k=0}^{n}\begin{bmatrix}n\\k\end{bmatrix}((1+\xi)y)^{k}\frac{(1+y)^{M-n}}{y^{n}}$$

$$=CT_{y}(1+(1+\xi)y)^{n}\frac{(1+y)^{M-n}}{y^{n}}$$

$$\tag{A10}$$

最后，由式（A10）和式（A9）可得结论成立。

引理 A2 假设 d 为任意常数，并且 $k_{1}+k_{2}=M$，则：

如果 M 为偶数，$M=2h(h=0,1,2,\cdots)$，则等式（A11）成立

$$\sum_{k_{1}=0}^{M}(-1)^{k_{1}}\begin{bmatrix}d+k_{1}\\k_{1}\end{bmatrix}\begin{bmatrix}d+k_{2}\\k_{2}\end{bmatrix}=\begin{bmatrix}d+h\\d\end{bmatrix} \tag{A11}$$

如果 M 为奇数，$M=2h+1(h=0,1,2,\cdots)$，则等式（A12）成立

$$\sum_{k_1=0}^{M}(-1)^{k_1}\begin{bmatrix}d+k_1\\k_1\end{bmatrix}\begin{bmatrix}d+k_2\\k_2\end{bmatrix}=0 \tag{A12}$$

证明　根据二项式系数法则和式（A13）

$$\begin{bmatrix}-r\\n\end{bmatrix}=\begin{bmatrix}r+n-1\\n\end{bmatrix}(-1)^n \tag{A13}$$

可得，

$$[t_1^{k_1}]\left(\frac{1}{1+t_1}\right)^{d+1}=\begin{bmatrix}-(d+1)\\k_1\end{bmatrix}=\begin{bmatrix}d+k_1\\k_1\end{bmatrix}(-1)^{k_1} \tag{A14}$$

类似地，

$$[t_2^{k_2}]\left(\frac{1}{1-t_2}\right)^{d+1}=\begin{bmatrix}d+k_2\\k_2\end{bmatrix} \tag{A15}$$

根据式（A14）和式（A15）可知

$$\sum_{k_1=0}^{M}(-1)^{k_1}\begin{bmatrix}d+k_1\\k_1\end{bmatrix}\begin{bmatrix}d+k_2\\k_2\end{bmatrix}=\sum_{k_1=0}^{M}[t_1^{k_1}]\left(\frac{1}{1+t_1}\right)^{d+1}[t_2^{k_2}]\left(\frac{1}{1-t_2}\right)^{d+1} \tag{A16}$$

一方面，如果 $k_1+k_2=2h$，式（A16）可进一步表示为

$$\sum_{k_1=0}^{M}(-1)^{k_1}\begin{bmatrix}d+k_1\\k_1\end{bmatrix}\begin{bmatrix}d+k_2\\k_2\end{bmatrix}=[t^{2h}]\left(\frac{1}{1+t}\right)^{d+1}\left(\frac{1}{1-t}\right)^{d+1}$$

$$=[t^{2h}]\left(\frac{1}{1-t}\right)^{d+1} \tag{A17}$$

$$=\begin{bmatrix}d+h\\d\end{bmatrix}$$

另一方面，如果 $k_1+k_2=2h+1$，式（A16）可进一步表示为

$$\sum_{k_1=0}^{M}(-1)^{k_1}\begin{bmatrix}d+k_1\\k_1\end{bmatrix}\begin{bmatrix}d+k_2\\k_2\end{bmatrix}=[t^{2h+1}]\left(\frac{1}{1+t}\right)^{d+1}\left(\frac{1}{1-t}\right)^{d+1}$$

$$=[t^{2h+1}]\left(\frac{1}{1-t^2}\right)^{d+1} \tag{A18}$$

$$=[t^{2h+1}]\sum_{k=0}^{M}\begin{bmatrix}d+1+k-1\\k\end{bmatrix}t^{2k}$$

$$=0$$

证毕。

根据以上引理 A1 和引理 A2，下面证明定理 4.1。

证明　记 Krawtchouk 变换的变换矩阵 $\boldsymbol{K}$ 对角元素为 $\boldsymbol{K}_{n,n}(n=0,1,\cdots,N-1)$，根据 Krawtchouk 多项式的定义式(4-19)～式(4-24)可知

$$
\begin{aligned}
\boldsymbol{K}_{n,n} &= \sum_{k=0}^{n} \frac{(-n)_k(-n)_k}{(-(N-1))_k \cdot p^k \cdot k!} \cdot \sqrt{\frac{w(n;p,N-1)}{\rho(n;p,N-1)}} \\
&= \sum_{k=0}^{n} \left(-\frac{1}{p}\right)^k \binom{n}{k} \binom{N-1-k}{n-k} \left(\frac{p}{1-p}\right)^n \sqrt{(1-p)^{N-1}}
\end{aligned}
\tag{A19}
$$

根据引理 A1，式(A19)可进一步表示为

$$
\begin{aligned}
&\sum_{k=0}^{n} \left(-\frac{1}{p}\right)^k \binom{n}{k} \binom{N-1-k}{n-k} \left(\frac{p}{1-p}\right)^n \sqrt{(1-p)^{N-1}} \\
&= \sum_{k=0}^{n} \left(-\frac{1}{p}\right)^k \binom{n}{k} \binom{N-1-n}{n-k} \left(\frac{p}{1-p}\right)^n \sqrt{(1-p)^{N-1}}
\end{aligned}
\tag{A20}
$$

于是，矩阵 $\boldsymbol{K}$ 的迹可表示为

$$
\begin{aligned}
\mathrm{trace}(\boldsymbol{K}) &= \sum_{n=0}^{N-1} \boldsymbol{K}_{n,n} \\
&= \sum_{n=0}^{N-1} \sum_{k=0}^{n} \left(1-\frac{1}{p}\right)^k \binom{n}{k} \binom{N-1-n}{n-k} \left(\frac{p}{1-p}\right)^n \sqrt{(1-p)^{N-1}} \\
&= \sum_{n=0}^{N-1} \sum_{n=k}^{N-1} \left(1-\frac{1}{p}\right)^k \binom{n}{k} \binom{N-1-n}{n-k} \left(\frac{p}{1-p}\right)^n \sqrt{(1-p)^{N-1}} \\
&\overset{d=n-k}{=} \sum_{k=0}^{N-1} \sum_{d=0}^{N-1-k} \left(1-\frac{1}{p}\right)^k \binom{d+k}{k} \binom{N-1-d-k}{d} \left(\frac{p}{1-p}\right)^{d+k} \sqrt{(1-p)^{N-1}} \\
&= \sum_{d=0}^{N-1} \sum_{k=0}^{N-1-d} (-1)^k \binom{d+k}{k} \binom{N-1-d-k}{d} \left(\frac{p}{1-p}\right)^d \sqrt{(1-p)^{N-1}}
\end{aligned}
\tag{A21}
$$

注意到，如果 $N-1-d-k<d$，即 $k>N-1-2d$，则 $\binom{N-1-d-k}{d}=0$。于是，由式(A21)可得

$$
\begin{aligned}
&\sum_{d=0}^{N-1} \sum_{k=0}^{N-1-d} (-1)^k \binom{d+k}{k} \binom{N-1-d-k}{d} \left(\frac{p}{1-p}\right)^d \sqrt{(1-p)^{N-1}} \\
&= \sqrt{(1-p)^{N-1}} \sum_{d=0}^{N-1} \left(\frac{p}{1-p}\right)^d \sum_{k=0}^{N-1-d} (-1)^k \binom{d+k}{k} \binom{N-1-d-k}{d} \\
&= \sqrt{(1-p)^{N-1}} \sum_{d=0}^{N-1} \left(\frac{p}{1-p}\right)^d \sum_{k=0}^{N-1-2d} (-1)^k \binom{d+k}{k} \binom{N-1-d-k}{d}
\end{aligned}
\tag{A22}
$$

在式(A22)中,令 $k_1=k$,$k_2=N-1-2d-k_1$,然后结合引理 A2,可得

$$\sum_{k=0}^{N-1-2d}(-1)^k\begin{bmatrix}d+k\\k\end{bmatrix}\begin{bmatrix}N-1-d-k\\d\end{bmatrix}=\sum_{k_1=0}^{N-1-2d}(-1)^{k_1}\begin{bmatrix}d+k_1\\k_1\end{bmatrix}\begin{bmatrix}d+k_2\\k_2\end{bmatrix}$$

$$=\begin{cases}\begin{bmatrix}d+\dfrac{N-1-2d}{2}\\d\end{bmatrix},&N\text{ 为奇数}\\0,&N\text{ 为偶数}\end{cases}$$

$$(A23)$$

注意到,如果 $d>0.5(N-1)$,则 $\begin{bmatrix}d+\dfrac{N-1-2d}{2}\\d\end{bmatrix}=0$。然后将式(23)代入式

(A22)可得,如果 N 为奇数,则

$$\sum_{n=0}^{N-1}\boldsymbol{K}_{n,n}=\sqrt{(1-p)^{N-1}}\sum_{d=0}^{N-1}\left(\frac{p}{1-p}\right)^d\begin{bmatrix}d+\dfrac{N-1-2d}{2}\\d\end{bmatrix}$$

$$=\sqrt{(1-p)^{N-1}}\sum_{d=0}^{0.5(N-1)}\left(\frac{p}{1-p}\right)^d\begin{bmatrix}0.5(N-1)\\d\end{bmatrix}\qquad(A24)$$

$$=\sqrt{(1-p)^{N-1}}\left(1+\frac{p}{1-p}\right)^{\frac{N-1}{2}}=1$$

另一方面,如果 N 为偶数,则

$$\sum_{n=0}^{N-1}\boldsymbol{K}_{n,n}=\sqrt{(1-p)^{N-1}}\sum_{d=0}^{N-1}\left(\frac{p}{1-p}\right)^d 0=0\qquad(A25)$$

因为 $\boldsymbol{K}$ 的特征值只有 1 和 -1,根据式(A24)和(A25)可知,如果 N 为偶数,$N=2h(h=0,1,2,\cdots)$,则特征值 $\lambda_1=1$ 和 $\lambda_2=-1$ 的重数都为 h;如果 N 为奇数,$N=2h+1(h=0,1,2,\cdots)$,则特征值 $\lambda_1=1$ 的重数为 $h+1$,并且特征值 $\lambda_2=-1$ 的重数为 h。

至此,定理 4.1 得证。

附　录　B

定理 5.1 的证明。

将离散三元数 Fourier 变换的定义式(5-3)代入式(5-4)右边,可得

$$\frac{1}{MN}\sum_{u=0}^{M-1}\sum_{v=0}^{N-1}\left[\sum_{m'=0}^{M-1}\sum_{n'=0}^{N-1}f(m',n')(\cos(2\pi(\frac{um'}{M}+\frac{vn'}{N}))-\mu_1\sin(2\pi(\frac{um'}{M}+\frac{vn'}{N})))\right]$$

$$(\cos(2\pi(\frac{um}{M}+\frac{vn}{N}))+\mu_2\sin(2\pi(\frac{um}{M}+\frac{vn}{N})))$$

$$=\frac{1}{MN}\sum_{m'=0}^{M-1}\sum_{n'=0}^{N-1}f(m',n')\left[\sum_{u=0}^{M-1}\sum_{v=0}^{N-1}(\cos(2\pi(\frac{um'}{M}+\frac{vn'}{N}))\cos(2\pi(\frac{um}{M}+\frac{vn}{N}))\right.$$

$$-\mu_1\mu_2\sin(2\pi(\frac{um'}{M}+\frac{vn'}{N}))\sin(2\pi(\frac{um}{M}+\frac{vn}{N})))$$

$$-\mu_1\sin(2\pi(\frac{um'}{M}+\frac{vn'}{N}))\cos(2\pi(\frac{um}{M}+\frac{vn}{N}))$$

$$\left.+\mu_2\cos(2\pi(\frac{um'}{M}+\frac{vn'}{N}))\sin(2\pi(\frac{um}{M}+\frac{vn}{N}))\right]$$

$$=\frac{1}{MN}\sum_{m'=0}^{M-1}\sum_{n'=0}^{N-1}f(m',n')\left[\sum_{u=0}^{M-1}\sum_{v=0}^{N-1}(\cos(2\pi(\frac{u(m-m')}{M}+\frac{v(n-n')}{N}))\right.$$

$$-\mu_1\sum_{u=0}^{M-1}\sum_{v=0}^{N-1}\sin(2\pi(\frac{um'}{M}+\frac{vn'}{N}))\cos(2\pi(\frac{um}{M}+\frac{vn}{N}))$$

$$\left.+\mu_2\sum_{u=0}^{M-1}\sum_{v=0}^{N-1}\cos(2\pi(\frac{um'}{M}+\frac{vn'}{N}))\sin(2\pi(\frac{um}{M}+\frac{vn}{N}))\right]$$

$$\text{(B1)}$$

然后根据正弦函数,余弦函数的对称性,有

$$\sin(2\pi(\frac{um'}{M}+\frac{vn'}{N}))=-\sin(2\pi(\frac{(M-u)m'}{M}+\frac{(N-v)n'}{N})) \qquad \text{(B2)}$$

$$\cos(2\pi(\frac{um}{M}+\frac{vn}{N}))=\cos(2\pi(\frac{(M-u)m}{M}+\frac{(N-v)n}{N})) \qquad \text{(B3)}$$

由式(B2)，式(B3)可得

$$\sum_{u=0}^{M-1}\sum_{v=0}^{N-1}\sin(2\pi(\frac{um'}{M}+\frac{vn'}{N}))\cos(2\pi(\frac{um}{M}+\frac{vn}{N}))=0 \tag{B4}$$

值得注意的是，式(B4)中，当 M 为偶数，$u=v=M/2$ 时，

$$\sin(2\pi(\frac{um'}{M}+\frac{vn'}{N}))=\sin(\pi m'+\pi n')=0 \tag{B5}$$

此外，由于

$$\sin(2\pi(\frac{vn'}{N}))=-\sin(2\pi(\frac{(N-v)n'}{N})),\cos(2\pi(\frac{vn'}{N}))=\cos(2\pi(\frac{(N-v)n'}{N}))$$

$$\tag{B6}$$

所以，

$$\sum_{u=0}^{N-1}\sum_{v=0}\cos(2\pi(\frac{um'}{M}+\frac{vn'}{N}))\sin(2\pi(\frac{um}{M}+\frac{vn}{N}))=0 \tag{B7}$$

$$\sum_{u=0}^{N-1}\sum_{v=0}\sin(2\pi(\frac{um'}{M}+\frac{vn'}{N}))\cos(2\pi(\frac{um}{M}+\frac{vn}{N}))=0 \tag{B8}$$

综合式(B4)，式(B8)和式(B9)，可得

$$\sum_{u=0}^{M-1}\sum_{v=0}^{N-1}\sin(2\pi(\frac{um'}{M}+\frac{vn'}{N}))\cos(2\pi(\frac{um}{M}+\frac{vn}{N}))=0 \tag{B9}$$

同理

$$\sum_{u=0}^{M-1}\sum_{v=0}^{N-1}\cos(2\pi(\frac{um'}{M}+\frac{vn'}{N}))\sin(2\pi(\frac{um}{M}+\frac{vn}{N}))=0 \tag{B10}$$

另一方面，

$$\sum_{u=0}^{M-1}\sum_{v=0}^{N-1}\cos(2\pi(\frac{u(m-m')}{M}+\frac{v(n-n')}{N}))$$

$$=\sum_{u=0}^{M-1}\sum_{v=0}^{N-1}\cos(2\pi(\frac{u(m-m')}{M}))\cos(2\pi(\frac{v(n-n')}{N}))$$

$$-\sum_{u=0}^{M-1}\sum_{v=0}^{N-1}\sin(2\pi(\frac{u(m-m')}{M}))\sin(2\pi(\frac{v(n-n')}{N})) \tag{B11}$$

然后，由指数函数的正交性

$$M\times\delta(m,m')=\sum_{u=0}^{M-1}\exp(\frac{\mathrm{j}2\pi u(m-m')}{M})$$

$$=\sum_{u=0}^{M-1}\cos(\frac{2\pi u(m-m')}{M})+\mathrm{j}\sin(\frac{2\pi u(m-m')}{M}) \tag{B12}$$

可得

$$\sum_{u=0}^{M-1}\cos(\frac{2\pi u(m-m')}{M}) = M \times \delta(m,m'), \sum_{u=0}^{M-1}\sin(\frac{2\pi u(m-m')}{M}) = 0$$

$$(B13)$$

类似地，

$$\sum_{v=0}^{N-1}\cos(\frac{2\pi v(n-n')}{N}) = N \times \delta(n,n'), \sum_{v=0}^{N-1}\sin(\frac{2\pi v(n-n')}{N}) = 0 \quad (B14)$$

将式（B14），式（B15）代入式（B12），可以得到

$$\sum_{u=0}^{M-1}\sum_{v=0}^{N-1}\cos(2\pi(\frac{u(m-m')}{M}+\frac{v(n-n')}{N})) = M \times N \times \delta(m,m') \times \delta(n,n')$$

$$(B15)$$

最后将式（B10），式（B11）和式（B16）代入（B1），可以得到

$$\frac{1}{MN}\sum_{u=0}^{M-1}\sum_{v=0}^{N-1}\left[\sum_{m'=0}^{M-1}\sum_{n'=0}^{N-1}f(m',n')(\cos(2\pi(\frac{um'}{M}+\frac{vn'}{N})) - \mu_1\sin(2\pi(\frac{um'}{M}+\frac{vn'}{N})))\right]$$

$$(\cos(2\pi(\frac{um}{N}+\frac{vn}{N})) + \mu_2\sin(2\pi(\frac{um}{N}+\frac{vn}{N})))$$

$$=\sum_{m'=0}^{M-1}\sum_{n'=0}^{N-1}f(m',n')\delta(n,n') = f(n,m)$$

$$(B16)$$

至此，定理 5.1 得证。